藏北高寒牧区
草地生态保护与畜牧业协同发展
技术及模式

干珠扎布　胡国铮　高清竹　等 / 著

中国农业科学技术出版社

图书在版编目（CIP）数据

藏北高寒牧区草地生态保护与畜牧业协同发展技术及模式 / 干珠扎布等著 . —北京：中国农业科学技术出版社，2019.10
　ISBN 978-7-5116-4363-6

　Ⅰ . ①藏… Ⅱ . ①干… Ⅲ . ①羌塘高原—草原生态系统—生态环境保护—关系—畜牧业—发展—研究 Ⅳ . ① S812.3 ② S8-1

中国版本图书馆 CIP 数据核字（2019）第 249061 号

责任编辑　李　雪　周丽丽
责任校对　李向荣

出　版　者　中国农业科学技术出版社
　　　　　　　北京市中关村南大街 12 号　邮编：100081
电　　　话　（010）82105169（编辑室）（010）82109702（发行部）
　　　　　　　（010）82109709（读者服务部）
传　　　真　（010）82109707
网　　　址　http://www.castp.cn
发　　　行　各地新华书店
印　刷　者　北京建宏印刷有限公司
开　　　本　710 mm×1 000 mm　1 /16
印　　　张　6.25
字　　　数　104 千字
版　　　次　2019 年 10 月第 1 版　2019 年 10 月第 1 次印刷
定　　　价　48.00 元

《藏北高寒牧区草地生态保护与畜牧业协同发展技术及模式》

著者名单

主　　著　干珠扎布　胡国铮　高清竹

著　　者（按拼音顺序排列）

　　　　　巴桑旺堆　　鲍宇红　　参木友

　　　　　旦久罗布　　段敏杰　　何世丞

　　　　　李　岩　　　曲广鹏　　水宏伟

　　　　　吴红宝　　　谢文栋　　闫玉龙

　　　　　严　俊

资助项目：

国家重点研发计划课题"藏北典型半干旱高寒草甸植被恢复综合整治技术研究与示范"（2016YFC0502003）

中国工程院咨询项目"羌塘高原高寒脆弱牧区生态文明建设模式研究"（2017-ZD-09-04-02）

中国农业科学院科技创新工程"农业温室气体与固碳减排"（20229）

中央级公益性科研院所基本科研业务费专项资金"高寒草地生态与气候变化"（BSRF201713）

前　言

藏北高原海拔 4 500m 以上，被称为"世界屋脊的屋脊""亚洲水塔水源地"，是我国重要的生态屏障和高原特色畜牧业生产基地。藏北高寒草地面积 6.3 亿亩（1 亩约为 $667m^2$，全书同），是藏族牧民赖以生存的资源宝库。虽然藏北高原草地面积广阔，但产出较低，冬春季饲草供应严重不足，制约了传统草地畜牧业发展。藏北高寒草地生态与生产功能对我国生态安全、边疆社会稳定和牧民生存发展至关重要。但近几十年，藏北高寒草地大范围退化，严重制约了藏北高原生态安全屏障作用和社会经济可持续发展。随着社会经济不断发展和生态保护力度持续加大，高寒草地生态保护与草地畜牧业发展之间矛盾日益突出。如何全面解决好保护生态的同时，发展高寒草地畜牧业，是藏北高原建设与发展中面临的重要任务和挑战。在保护中发展、发展中保护，既是藏北高原绿色发展的强烈需求，也是社会主义新时代对藏北高原提出的要求。因此，生态保护与畜牧业协同发展是藏北高原的必然选择和必由之路。

本书基于著者在藏北高原开展的 10 余年研究工作，总结了藏北高寒草地生态保护与修复、牧草生产、饲草加工、牦牛养殖等方面的技术措施，提出了藏北高寒草地生态保护与畜牧业协同发展模式。本书共 6 章，第 1 章介绍了藏北高原概况、草地生态保护与畜牧业发展现状、存在的问题与挑战、以及草地生态保护与畜牧业协同发展的关键要素；第 2 章主要介绍了藏北高原草地生态保护与修复技术要点和实施案例及效果，包括禁牧、生态补播、施肥、智能灌溉等；第 3 章介绍了藏北高原牧区人工牧草生产技术要点、实施案例及效果，包括暖棚种草、温室种草、房前屋后种草等；第 4 章主要介绍了藏北高寒牧区饲草储藏与饲料制作技术要点和实施案例，包括牧草晾晒技术、储藏技术、舔砖制作技术、精料制作技术等；第 5 章介绍了藏北高寒牧区牦牛养殖技术要点和实施案例，包括牦牛畜群结构调整、适度放牧技术、牦牛育肥、母牦牛产能提升等；第 6 章主要总结了藏北高寒牧区草地畜牧业发展模式，提出了高寒牧区草地畜牧业可持续发展的潜在路径。

本书由中国农业科学院农业环境与可持续发展研究所、西藏自治区农牧科学院草业科学研究所、西藏自治区农牧科学院畜牧兽医研究所、那曲市草原站共同完成；第 1 章由干珠扎布、胡国铮、高清竹共同撰写；第 2 章由胡国铮、参木友、干珠扎布、曲广鹏、吴红宝、段敏杰共同撰写；第 3 章由高清竹、干珠扎布、旦久罗布、何世丞、谢文栋、严俊共同撰写；第 4 章由参木友、鲍宇红、干珠扎布、胡国铮、吴红宝、水宏伟、李岩共同撰写；第 5 章由参木友、巴桑旺堆、干珠扎布、闫玉龙、鲍宇红共同撰写；第 6 章由干珠扎布、高清竹、胡国铮共同撰写。

由于著者水平有限，书中难免有不妥之处，敬请读者批评指正！

著　者

2019 年 6 月，北京

目 录
CONTENTS

1

绪　论

1.1　藏北高原概况

藏北高原位于青藏高原的腹地，是"地球第三极""世界屋脊""亚洲水塔"的核心区域，平均海拔 4 500 m 以上，面积 44.6 万 km²，是我国重要的生态屏障区和水资源战略保障基地（高清竹等，2006）。藏北高原生态地位极为重要，具有独特的野生动植物资源和丰富的物种多样性，是我国甚至全球生物多样性富集区和热点区（刘杰等，2017；张中华等，2018）；是长江、怒江和澜沧江等大江大河的源头区（高清竹等，2006；李亚林等，2006），同时该区域土壤侵蚀敏感性较高，中度以上敏感区占总面积的 42.5%，因此其土壤保持功能和沙漠化风险对下游区生态安全具有重要的影响（高清竹等，2006）；该区位于西风带、南亚季风、东亚季风交汇区，形成了独特的青藏高原季风气候，对我国以及周边地区天气系统的形成具有重要的影响（季国良等，2001；方韵等，2016），被称为是气候变化"敏感区""改造场所"和"驱动器"（姚檀栋等，2000）。

藏北高原年平均气温为 −2.8~1.6℃，最冷月是 1 月，最热月为 7 月，四季不分明。年均降水量为 247.3~513.6 mm，由于受大气环流和地形的影响，该区降水总体趋势表现为由东向西，由南向北递减。藏北高原年蒸发量（以小蒸发皿测量）为 1 500~2 300 mm，蒸发量大于自然降水量，且由东南向西北逐渐增大。藏北高原日照时数高于同纬度的其他区域，全地区年日照时数位 2 400~3 200 h，年平均日照百分率为 52%~67%。同时，由于海拔高、空气洁净，该地区光能资源相当丰富，平均太阳年总辐射量达 6 000 MJ/m²，西部最高达 6 800 MJ/m²。

藏北高寒草地面积 6.3 亿亩，占藏北高原总面积的 94.4%，约占西藏自治区（全书简称西藏）草地总面积的 1/2（高清竹等，2006）。藏北高寒草地是藏族牧民赖以生存的资源宝库，是我国高原特色畜牧业基地之一。虽然藏北高原草地面积广阔，但由于特殊的生态环境，大部分草地生产力较低；加之生长季短、冬季漫长、冬春季饲草供应严重不足，制约了传统草地畜牧业发展。1958 年至今，藏北高原总人口和牧业人口均呈显著地升高趋势。截至 2015 年年底，藏北总人口由 1958 年 8.39 万人增长至 50.13 万人，其中牧业人口为 43 万，占总人口的86%，近 1/4 的牧民仍处于贫困状态。而随着人口数量的激增，藏北高原牲畜数量也大幅增加，2015 年年底，藏北各类牲畜存栏约 1 300 万羊单位。

藏北高寒草地生态与生产功能对我国生态安全、边疆社会稳定和牧民生存发展至关重要。但近几十年，在气候变化加剧、人口激增和牲畜数量增加等一系列影响下，藏北高寒草地大范围退化，严重制约了藏北高原生态安全屏障作用和社会经济可持续发展。随着国家生态保护和生态文明建设大力推进，藏北高寒草地得到一定程度上的恢复，但当地资源开发利用受到进一步限制，生态保护与草地畜牧业发展之间矛盾日益突出，必将影响当地牧民脱贫进程和国家乡村振兴战略的实施。在保护生态的同时，如何全面解决好改善民生和发展社会经济的诸多难题，是藏北高原建设与发展中面临的重要任务和挑战。在保护中发展、发展中保护，既是藏北高原绿色发展的强烈需求，也是社会主义新时代对藏北高原提出的要求。因此，生态保护与畜牧业协同发展是藏北高原的必然选择和必由之路。

1.2　藏北高原草地生态与畜牧业发展现状

1.2.1　藏北高原草地生态现状

藏北高原草地类型包括高寒草甸、高寒草甸草原、高寒草原和高寒荒漠等几大类（毛飞等，2007），根据其生境和建群种不同，可细分为十几个亚类（Miehe et al., 2011）。近几十年来，藏北高寒草地出现了不同程度的退化，严重影响了草地生态系统功能和牧民生存发展。遥感监测结果显示，截至 2010 年，藏北高原草地退化面积比例达到 58.2%，总体接近中度退化水平；与 20 世纪 80 年代相比，藏北高原重度及极重度退化草地面积有所增加，草地退化情况仍不容忽视（曹旭娟等，2016）。草地退化是多种因素综合作用的结果，主要包括自然因素和人为因素；自然因素主要包括气候变化、鼠害、虫害等；人为因素包括放牧、采矿、开垦等（李博，1997）。自然因素和人为因素的叠加造成藏北高寒草地大面积退化，其中气候变化和超载过牧被认为是该区域草地退化主要驱动力（高清竹等，2005）。

气候是决定植被分布的关键因素（周广胜和张新时，1996），藏北高原独特的气候条件决定了该地区特殊的植被类型。高寒、缺氧、雨热同季的气候条件下，藏北高原植物普遍低矮，抗寒性和抗旱性较强（韩发等，2005；Miehe et al.，2011）。近几十年来，藏北高原气候发生了明显的改变，总体表现出温度升高、降水增加的趋势；但由于增温导致蒸发强烈，因此藏北高原气候总体趋于暖干化（Gao et al.，2014）。此外，高原气候变化存在季节非对称性，即秋冬季增温幅度大于春夏季，而降水增加则主要来源于冬春季，夏季甚至呈现降水减少，生长季干旱加剧（Xu et al.，2008；Chen et al.，2013）。由于气候变化引起季节性干旱，高寒草地中适合湿冷生境的草甸植物有可能减少，而被中生化耐旱的禾本科牧草替代，高寒草地可能向中生化演替（王谋等，2005）。有研究表明，以增温为主要特征的气候变化将导致生产力降低、优良牧草比例减少、毒草滋生，增加草地退化风险（Klein et al.，2007；Li et al.，2011；Ganjurjav et al.，2016）。但也有研究表明，气候变化有利于藏北高原植物生产力提高，土壤碳含量增加（Ganjurjav et al.，2015；Ding et al.，2017）。因此，气候变化对藏北高寒草地的影响存在一定的不确定性，但其对草地生态系统的负面影响不容忽视。

经典的生态学干扰理论认为，适度放牧有利于草地生态系统稳定，但过度放牧将导致草地退化（Grime，1973）。自 20 世纪 50 年代以来，藏北地区家畜数量逐步增加，虽然从 90 年代开始数量有所下降，但目前仍处于较高水平（Miehe et al.，2008；Lehnert et al.，2016；徐增让等，2018）。人口和家畜数量的增加，对藏北高寒草地生态系统带来了巨大压力。在放牧强度过大时，植物的补偿生长作用远低于被牲畜采食的牧草量，从而使草地生产力降低（干珠扎布等，2013）。而由于牲畜选择性采食的原因，重牧条件下优良牧草比例显著降低（Ganjurjav et al.，2015）。过度放牧条件下牲畜践踏对高寒草地植被和土壤也具有一定的破坏性（侯扶江等，2004）。此外，鼠害亦是藏北高原草地退化的主要原因之一，鼠害泛滥使草地生产力降低、优良牧草比例降低、土壤裸露、水土保持能力下降（Zhang et al.，2016）。

1.2.2　藏北高原畜牧业发展现状

藏北高原自古以来是藏族牧民赖以生存的放牧场，是西藏自治区的主要畜牧业生产基地，草地面积、牲畜存栏数量、畜产品产量均占全区的 1/3 以上。畜牧业占藏北国民经济收入的 80% 以上，畜牧业经济的发展在一定程度上反映了藏北经济发展的水平与状况。藏北高原家畜主要以牦牛和藏羊为主，其中牦牛集中在东部草甸区，藏羊则多在西部草原区。藏北草地畜牧业独具高原特色，牦牛乳制品和肉产品产业发展潜力巨大。

截至 2015 年年底，藏北高原各类牲畜存栏 525.47 万头（只、匹），较 1958 年增加了 117%（高清竹等，2006），牲畜数量居高不下。而藏北高原草地生产力普遍较低，难以为藏北畜牧业提供足够的牧草。此外，随着天然草原承包到户，原有的游牧方式被定点放牧取代，使草地不能休养生息，草地的放牧压力进一步增加。目前，藏北高原草地生态系统处于超载过牧状态，放牧压力超过了其承载能力，系统处于不可持续的发展状态（刘兴元和王玮，2013）。

藏北高原气温低，全年无绝对无霜期，冬季寒冷漫长，灾害多发；牧草生长季短，植被生产力低，牧草短缺，尤其是冬季饲草缺口巨大。由于藏北草地生产力季节差异显著，牲畜呈"夏壮、秋肥、冬瘦、春乏"的季节动态变化，冬季体重减少近 30%，夏天又恢复到原有水平，且牲畜繁殖期处于冬春季饲草短缺时期，形成了低繁殖率和低幼崽成活率的特点，大大降低了其生产性能（董全民和赵新全，2007）。目前，藏北高原畜牧业仍以"靠天养畜"为主，缺乏科学的养殖技术支撑；抵御灾害和风险能力较差，畜牧业生产效率低下，传统草地畜牧业亟待转型升级。因此，低温、低产、低效是制约藏北高原草地畜牧业发展的关键因素。

1.3 藏北高原草地生态保护与畜牧业发展存在的问题与挑战

藏北高原高寒草地生态环境极为敏感和脆弱，草地植物组成简单，牧草产量低，草地生态系统的抵抗力和恢复力及稳定性都较弱。近年来，在气候变化的背景下，加之超载过牧、乱挖药草、乱采滥牧等人类活动的共同作用下，草地严重退化、雪山和冰川消融、冻土层融化、湖水上涨、江河浑浊，引起了雪灾、洪涝等灾害，改变了原有的高原生态平衡，生态环境恶化趋势明显。随着藏北高原人口压力的不断加大，生态安全屏障保护与经济发展的矛盾日益尖锐，高寒草地生态系统面临着人口、资源、环境和经济发展的严峻挑战。目前，藏北高原高寒草地退化严重，荒漠化和沙漠化和水土流失加剧，已经对藏北高原经济发展、社会稳定和生态屏障安全构成了威胁。

如何加快发展，有效解决突出的生态环境问题和牧民致富问题，是藏北高原社会经济发展的重大课题。因此，如果没有可行的草地保护修复以及畜牧业发展技术支撑，将对高寒草原生态安全、牧区社会进步、牧民生活发展带来严重的不利影响。

1.3.1　草地退化严重

藏北高原具有水源涵养功能的各类生态系统内物质、能量流动缓慢，系统的抗干扰能力弱，生态与环境十分脆弱。特别是在气候变化和人为活动的压力下，藏北高原冰川退缩、草场退化、湿地萎缩、土地沙化、水土流失等现象加剧，导致了大江大河和重要内流湖泊源头区水源涵养调解功能明显下降。藏北高原生态系统水源涵养功能直接影响着长江、怒江等大江大河和纳木错、色林错等重要高原内流湖泊的生态安全，今后应加强大江大河和重要内流湖泊源头区的生态保护，恢复大江大河和重要内流湖泊源头区水源涵养和水土保持重要功能，确保资源的持续利用。

近年以来，藏北高原高寒草地大范围严重退化，其退化草地面积达到草地总面积的 58.2%，生态环境恶化趋势明显。在经济发展的过程中，藏北高原牲畜的数量快速持续的增长，到 2015 年年末，该区牲畜存栏总数达到 525.47 万头（只、匹），畜均占有草地 119.9 亩，比 1960 年减少 133.11 亩。近年来，政府针对超载过牧现象，实施了退牧还草、生态移民等一系列的工程举措，但强制性减畜措施下，退牧还草、饲料粮补助、草原奖补机制等补助也只能满足农牧民基本生活水平，难以保障实现脱贫致富的目标，至今超载问题尚未得到根本解决，草畜矛盾突出，禁牧减畜任务繁重。

1.3.2　退化修复技术单一

藏北高原平均海拔约 4 500m，气候寒冷、空气稀薄、紫外线强、地形复杂、降水时空分布不均，冻土广布，土壤发育过程及植被生长缓慢，破坏后极难恢复。特殊的气候地理条件和敏感脆弱的生态环境特征，决定了藏北高原退化草地生态恢复和治理的技术难度远远高于低海拔地区。目前，针对高寒地区特殊的自然生态系统的保护和恢复技术仍存在不成熟甚至空白的阶段，制约了生态保护和建设工程效益的发挥。尽管近年来国家安排了一定数量的科技支撑项目，也取得了一定的科研进展和科技成果，但部分科研成果应用效果并不理想。

1.3.3 畜牧产业落后

牦牛产业高度依赖高寒草地的健康状况，但目前存在高寒草地生态退化、牲畜温饱得不到解决、防减灾能力不足的问题，牦牛养殖跳不出"夏壮、秋肥、冬瘦、春乏"的怪圈。藏北高原冬春饲草严重不足、母牦牛冬瘦、春乏、产能低、牦牛畜群结构不合理，严重制约了草地畜牧业转型升级。牦牛集约化养殖程度差，仍以传统的天然草地放牧为主，不仅增加了草地压力，加大了退化风险，并且严重影响牦牛出栏、育肥效率。

1.4 藏北高原草地生态与畜牧业协同发展的关键要素

藏北高原草地生态保护与畜牧业协同发展的关键在于守住"保护"和"发展"两条底线，实现在"保护中发展"，在"发展中保护"。高寒草地保护是藏北发展的基础，采用一系列草地保护、修复技术和政策措施，确保天然草地保护、恢复，提升其生态功能，保障国家生态安全。在草地保护的基础上，发展生态畜牧业，完成传统畜牧业转型升级，促进牧民增收，为打赢脱贫攻坚战、治边稳藏提供有力支撑。

1.4.1 草地生态治理

1.4.1.1 生态补播

对于退化草地植被覆盖度低、土壤裸露等问题，简单的自然恢复难以起到良好的效果。因此，采用常见的高寒抗逆物种进行补播，是有效恢复植被盖度，提高草地生产力的方法。将垂穗披碱草、多叶老芒麦、冷地早熟禾等上繁草种和下繁草种以及快速定植和慢速定植植物相结合，在裸露的退化草地进行补播，保证出苗延续性和保护性以及植被建成后群落结构合理（董世魁，2001；魏学红，2010）。在进行播种时，播种密度应较大，以保证越冬后可更新幼苗数量。

1.4.1.2 节能灌溉

藏北高原蒸发强烈，全年蒸发量超过 1 500 mm，雨季主要集中在 5—9 月（高清竹等，2006）。一方面，随着气候变化加剧，藏北高原面临较大的季节性干旱风险，增加了退化草地治理难度；另一方面，由于温度升高，雪山和冰川融化，导致地表径流量增加，使得河流上涨，为周边区域退化草地提供了水源。因此，充分利用河流、湖泊等地表水资源，发挥藏北高原风能、太阳能丰富的优势，研发高寒草地风光互补节能喷灌技术，增加草地生产力的同时促进物种多样性提高，显著提升高寒草地生态功能（干珠扎布等，2015）。

1.4.1.3 施肥

土壤贫瘠是退化高寒草地的主要特征之一。在退化草地恢复中，施肥往往被视为行之有效的方法（马玉寿等，2007）。牛羊粪等有机肥和氮磷化肥混施可以作为藏北高原退化高寒草地恢复的主要施肥方案（宗宁等，2014；段敏杰等，2016）。无机肥可以被植物迅速吸收，达到速效肥的效果；单纯的施氮肥可能会造成草地养分失衡（Bowman *et al.*，2008），而氮磷混施对退化草地恢复效果良好（宗宁等，2014；秦燕等，2016）。有机肥分解慢、作用时间长，可以提供足够的碳、氮源，供土壤微生物代谢，为植物提供养分，达到缓释肥的效果。此外，施入有机肥可以提高碳氮比，可在短期内控制杂草生长。

1.4.2 草地优化管理

1.4.2.1 禁牧

对退化草地而言，禁牧可以减少扰动，让草地休养生息，对草地恢复起到良好的效果。但禁牧不能是无休止的，长期的禁牧有可能对草地生态系统产生负面影响，阻碍植物生长，导致物种多样性降低（Wu *et al.*，2012；肖金玉等，2015）。根据草地退化程度及其生境特点，因地制宜地制定合理的禁牧年限，是保护草地、优化草地管理和利用的最佳方式。对藏北高原不同年限的禁牧草地调查结果显示，5~7 年是该区域较为合理的禁牧年限（张伟娜，2015）。

1.4.2.2 休牧

高寒草地生产力普遍较低，而全年放牧对草地形成巨大压力。适度划分冬季牧场和夏季牧场，采取季节性休牧，有利于减轻草地压力，促进草地生态系统生态与生产功能提升。可以将藏嵩草、青藏苔草等为建群种的高产草地设置为冬季牧场，将小嵩草、紫花针茅等为建群种的低产草地设置为夏季牧场，以达到资源合理利用和最优配置。此外，也可以选取一年中牧草生长的关键期，如返青期进行休牧，达到事半功倍的效果（马玉寿等，2017）。

1.4.2.3 轮牧

将草地划分为若干小区，并依次进行放牧活动，既可以保护天然草地又可以提高草地利用率。由于藏北高原草地生产力较低，以草定畜是草地保护和畜牧业发展的关键。藏北高原放牧强度不宜超过 1.2 羊单位 / 公顷，轮牧时间以 7~10d 为宜（干珠扎布等，2013）。在该措施下，草地生产力不仅达到最优，并且牲畜采食量、草地利用率以及物种多样性均较高（Ganjurjav *et al.*, 2015），是一种生态和生产兼顾的方式。

1.4.3 牧草多源供给

1.4.3.1 区域化种草

重度退化草地，如"黑土滩"型退化草地几乎丧失了其生态和生产功能，因此在此类草地进行区域化人工草地建植，既可以修复草地，又可以提供牧草，达到双赢的效果（马玉寿等，2007）。在藏北高原，应重点挖掘本土优质牧草并开发高产牧草种质资源，巩固现有推广应用效果良好的冷地早熟禾、星星草、老芒麦、垂穗披碱草、紫羊茅、无芒雀麦、箭舌豌豆、黄花草木樨等品种（董世魁，2001；施建军，2002）；建设人工牧草基地以及灌溉、施肥等配套设施，为畜牧业提供稳定的牧草供给。

1.4.3.2 庭院种草

牧户庭院和牲畜棚圈主要用于冬季牲畜保暖，而夏季为闲置空间，其具有热量充足、水分条件好、土壤肥力高等特点（李希来等，2001）。因此，充分发挥牧户庭院和牲畜棚圈有利的水热肥条件以及便于管理的优势，开展生长季庭院和棚圈种草，以生产优质牧草。青稞作为西藏本土物种，生产力和营养价值均较高，适宜在高寒牧区庭院和牲畜圈棚内播种（高清竹等，2017）。此外，充分利用棚圈、房屋已有的墙体或其他遮挡物，建造简易温室大棚用于牧草种植，可常年供应牧草（梁艳等，2017）。

1.4.3.3 农区种草

与藏北高原相比，西藏农区海拔低、气候条件好、植物生产力高；并且农民对作物种植及其配套技术较牧民更为熟悉。因此，在西藏农区种植饲用青稞和饲用燕麦等适口性较强的一年生牧草，运至高寒牧区用于冬季补饲，形成农牧耦合的"低草高牧"模式，不仅使农区和牧区群众增收，并且可以带动物流、牧草种植企业发展壮大，促进跨区域、跨行业共同发展。

1.4.4 牲畜半舍饲养殖

目前，藏北高原仍以"靠天养畜"为主，在传统的放牧方式下，漫长、寒冷的冬季对草地畜牧业带来一系列影响，导致牲畜掉膘、死亡，造成经济损失。在藏北高原，可以通过畜群结构调整和补饲保暖优化养殖方式，采用冬季半舍饲模式，全面提升草地畜牧业生产能力（曲广鹏等，2011；参木友等，2017）。

1.4.4.1 畜群结构优化

在产草量和种群数量一定的情况下，可通过调整优化畜群结构，达到适度公母比、成幼比，使经济效益最大化（岳东霞和惠苍，2004）。一方面，在入冬之前，将老、弱、病、残畜淘汰，适当补充母牦牛，从而提高种群越冬能力，避免冬季掉膘、死亡。另一方面，通过短期育肥，使幼畜快速出栏，减少公畜占比，控制种群数量，可以在减少牧草需求量的同时增加牧户收入。

1.4.4.2 补饲保暖

针对冬季寒冷、牧草短缺的问题，在半舍饲条件下对牲畜采取补饲保暖措施，以提高家畜越冬能力。建设适应高寒牧区大风、低温等气候特点的暖棚，为牲畜提供越冬场所。采取白天放牧、晚上归牧圈养的方法，在合理利用冬季牧场的同时，减少家畜能量消耗。选择干草、粗饲料、精料以及营养舔砖相结合的饲料配方，对家畜，尤其是成年母畜进行补饲，提高其体重、繁殖率、泌乳量等生产性能。

2

藏北高寒牧区草地生态保护与修复技术

　　藏北高原地处青藏高原核心区，平均海拔4 500m以上，是我国及亚洲大陆的生态安全屏障和水资源战略保障基地之一。藏北高原野生动植物资源丰富多样并且珍稀而独特，拥有野牦牛、藏羚羊、黑颈鹤等20余种国家一级和二级保护动物。因此，藏北高寒草地不仅是广大藏族牧民生活的物质基础，也是我国珍稀野生动物赖以生存的家园。近年来，在自然和人为因素的双重影响下，该地区草地表现出不同程度的退化，草地生产力明显下降。随着草地生态系统的退化，该区域荒漠化、沙化面积逐年扩大，水土流失加重，加速了江河源区生态环境恶化，甚至对生态环境造成了灾难性的破坏（图2-1）。此外，草地退化也将影响藏北地区的畜牧业发展，阻碍当地牧民脱贫致富，进而影响藏北地区经济社会持续、稳定和健康发展。

图2-1　藏北退化草地

2010 年，藏北地区未退化的草地面积为 18.74 万 km^2，占全区总面积的 41.8%；轻度退化的草地面积为 5.45 万 km^2，占全区面积的 12.1%；中度、重度和极重度退化的草地面积分别为 6.76 万、8.52 万和 2.92 万 km^2，分别占藏北地区总面积的 15.1%、19.0% 和 6.5%。截至 2010 年，藏北高寒草地总体接近中等退化水平，但草地退化状况存在着较为明显的空间差异。从不同区域来看，北部地区的退化最为严重，其次是中部地区和东部地区，退化程度最轻的为西部地区。中部、北部和东部 3 个区域的草地退化指数均处在中等退化等级，而西部地区的草地处于轻度退化级别。退化草地在尼玛县北部、双湖县北部及安多县北部分布较为集中；此外，色尼区、安多县、聂荣县三县交界处及班戈县、申扎县和尼玛县中部的部分区域退化草地分布也较为集中。21 世纪以来，国家和自治区政府为保护藏北地区草地资源，促进退化草地的恢复，在藏北实施了一系列禁牧休牧的政策，遏制了进一步退化趋势。监测结果显示，2000—2010 年，藏北高寒草地退化程度无显著变化。分区来看，北部地区有显著的恢复趋势，但恢复的幅度较小，其余各区均无显著的变化趋势。

2.1 围封禁牧

2.1.1 围封年限

目前，针对藏北退化高寒草地最主要的保护与恢复方法为围封禁牧。但禁牧不能是无限期的，禁牧时间过长，反而不利于草地生态系统健康，也不能合理利用草地，影响畜牧业发展。尤其是对轻度退化草地而言，缩短禁牧周期，可视为是切实可行的草地管理方式。通过研究发现，在藏北高原围封禁牧年限以 5~7 年为宜，超过该年限，则不利于草地恢复与利用。

2.1.2 实施效果

在那曲市色尼区开展不同年限禁牧对高寒草地生产力、土壤养分和牧草养分调查，将 3 年以下设置为短期禁牧，5~7 年为中长期禁牧，7 年以上为长期禁牧。

2.1.2.1 禁牧对高寒草甸植被地上生物量的影响

短期禁牧样地的围栏内外地上生物量分别为 68.8g/m^2 和 40.3g/m^2；中长期禁牧样地围栏内外分别为 72.5g/m^2 和 49.5g/m^2；长期禁牧样地围栏内外分别为 66.5g/m^2 和 47.1g/m^2。短期、中长期及长期禁牧样地的围栏内较围栏外地上生物量分别高 70%、53% 和 43%（图 2-2）。

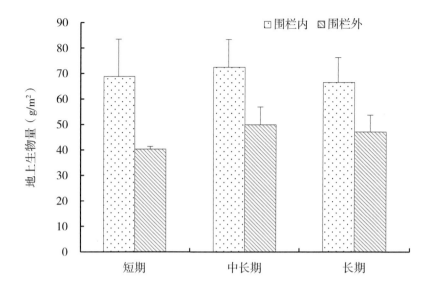

图 2-2　禁牧样地围栏内外地上生物量

2.1.2.2　禁牧对高寒草甸植被地下生物量的影响

围栏内短期禁牧、中长期禁牧与长期禁牧的分别为 8.6kg/m^2、12.7kg/m^2 与 9.8kg/m^2；围栏外分别为 7.7kg/m^2、9.4kg/m^2 与 5.0kg/m^2（图 2-3）。围栏内外地

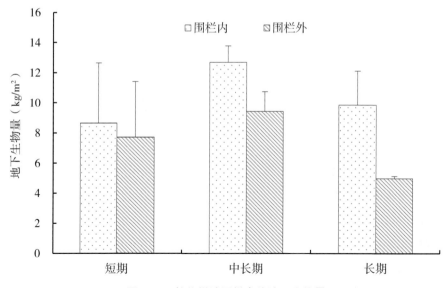

图 2-3　禁牧样地围栏内外地下生物量

下生物量之差大小顺序为长期 > 中长期 > 短期, 即禁牧时间越长, 围栏内外地下生物量的差值越大。

2.1.2.3 禁牧对牧草品质的影响

长期、中长期禁牧样地的粗纤维分别较围栏外高 3.3%、1.9%, 而短期禁牧样地较围栏外低 3.8% (表 2-1)。长期、中长期、短期禁牧样地的粗脂肪含量分别较围栏外高 1.1%、0.2% 和 0.1%。长期禁牧样地的粗蛋白含量较围栏外高 0.6%, 但中长期禁牧与短期禁牧分别较围栏外低 0.9% 和 0.8%。而对牧草有机碳含量分析, 长期禁牧与中长期禁牧分别较围栏外高 3.3% 和 1.4%, 而短期禁牧样地较围栏外低 0.3%。即在短期禁牧样地中, 除粗脂肪含量较围栏外高之外, 其余 3 个养分含量均较围栏外低; 而在中长期禁牧和长期禁牧中, 仅中长期禁牧的粗蛋白含量低于围栏外, 其余禁牧样地的牧草养分含量均高于围栏外。禁牧可以在一定程度上提高牧草的养分含量, 但是并不显著。只有长期禁牧样地的粗脂肪含量较围栏外高出 10% 以上, 其他变化都在 10% 以内。

表 2-1 禁牧对牧草养分含量的影响

禁牧年限	围栏情况	粗纤维 (%)	粗脂肪 (%)	粗蛋白 (%)	C (%)
长期	围栏内	34.0 ± 2.8	2.7 ± 1.2	14.6 ± 1.8	44.2 ± 0.2
	围栏外	30.6 ± 2.7	1.6 ± 0.1	14.0 ± 1.2	40.9 ± 1.3
中长期	围栏内	30.9 ± 1.8	2.1 ± 0.1	13.6 ± 0.6	43.4 ± 0.4
	围栏外	29.0 ± 1.0	1.9 ± 0.1	14.5 ± 0.2	42.0 ± 0.3
短期	围栏内	29.8 ± 1.9	1.8 ± 0.2	14.1 ± 0.1	42.2 ± 0.1
	围栏外	33.6 ± 4.2	1.7 ± 0.4	14.9 ± 0.2	42.6 ± 0.2

注: 表内值采用平均值 ± 标准误的形式表示

2.1.2.4 禁牧对高寒草地土壤物理特征的影响

围栏内外土壤含水量的比值均大于 1, 即围栏内的土壤含水量均高于围栏外。其中短期禁牧围栏内较围栏外含水量平均高 16.7%, 中长期与长期禁牧围栏内较围栏外分别高出 34.8%、30.1%, 但是不同年限禁牧之间并没有显著性差异。围栏内外土壤的容重的比值均小于 1, 即围栏内的土壤容重均低于围栏外。短期、中长期与长期禁牧, 围栏内较围栏外容重平均降低了 4.4%、13.8% 和 13.6%, 但是不同年限禁牧之间也没有显著性差异 (图 2-4)。

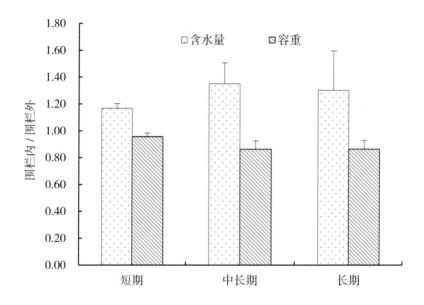

图 2-4　土壤含水量与土壤容重围栏内外的比值

2.1.2.5　禁牧对高寒草地土壤化学特征的影响

土壤有机质含量是最重要的土壤特性指示指标之一，代表着土壤供肥的潜在能力及稳产性。氮、磷、钾是植物生长发育的三大基本营养元素，土壤碱解氮、磷、钾的水平对于植物的生长起到关键的作用。由表 2-2 中可看出，不同年限禁牧条件下，大多土壤营养成分围栏内均高于围栏外。长期禁牧样地中围栏内较围栏外土壤总有机碳（TOC）含量高出了 36%，而中长期禁牧与短期禁牧样地分别高出 10% 与 19%。而其他营养成分的调查结果同 TOC 趋势一致，均表现出长期禁牧样地的围栏内外差值最大（表 2-2）。

表 2-2　禁牧样地围栏内外土壤养分含量

围封年限	围栏状况	TOC（g/kg）	全氮（g/kg）	碱解氮（mg/kg）	速效磷（mg/kg）	速效钾（mg/kg）
短期	围栏内	29.7 ± 5.1	4.0 ± 0.3	160.6 ± 14.4	7.0 ± 2.0	129.7 ± 41.3
	围栏外	24.9 ± 0.9	3.7 ± 0.0	139.5 ± 10.2	4.1 ± 0.4	122.3 ± 34.1
中长期	围栏内	37.4 ± 5.0	4.7 ± 0.7	213.8 ± 32.1	8.4 ± 0.7	120.6 ± 16.1
	围栏外	32.0 ± 4.2	4.2 ± 0.6	156.0 ± 23.7	6.2 ± 0.6	121.0 ± 18.1

（续表）

围封年限	围栏状况	TOC（g/kg）	全氮（g/kg）	碱解氮（mg/kg）	速效磷（mg/kg）	速效钾（mg/kg）
长期	围栏内	49.3 ± 9.2	5.9 ± 1.1	231.4 ± 32.3	15.3 ± 2.0	134.0 ± 19.8
	围栏外	33.6 ± 15.2	4.1 ± 1.8	134.7 ± 74.0	5.6 ± 1.1	77.6 ± 12.0

注：表内值采用平均值 ± 标准误的形式表示

2.2 草地生态补播技术

退化草地的生境修复是藏北高原国土生态屏障建设的核心任务。在高寒地区轻、中度退化草地与极度或严重退化草地在植被和土壤环境有本质的区别。严重退化草地植被盖度低、土壤裸露多，因此需要进行草地补播，增加植物物种数量。针对藏北高寒牧区土层薄、气候多变、土壤养分贫瘠等特点，生态补播技术提供了一种能在裸露的土地上产生高密度幼苗，保证越冬后可更新幼苗数量、干旱年份幼苗存活率，同时保证给土壤以充足的养分，为退化草地植被恢复提供种子和养分资料，保证在2~3年内有足够植被恢复资源，适用于中度及重度退化天然草地的补播修复。具有如下特点。

①牧草种子的前处理和高密度种子施入量，保证气候恶劣环境中，有较高的幼苗产生率和足够的幼苗补充源。

②快速定植（垂穗披碱草和老芒麦）和慢速定植（冷地早熟禾）的牧草种子组合，保证出苗延续性和保护性，快速出苗植物为慢出苗物种提供保护作用。

③上繁草种（垂穗披碱草和老芒麦）和下繁草种（冷地早熟禾）的组合，保证植被建成后群落结构合理，具有较高的稳定性。

④镇压技术的实施为藏北极端海拔条件下防止大风造成种子材料流失、防止高的水分蒸发率等发生。

2.2.1 技术规程

退化高寒草地生态补播修复方法，包括围栏整地、配种、种子处理、播种、田间管理和封育等步骤。

2.2.1.1 围栏整地

先圈定需要修复的退化高寒草地，并用15~20目的铁丝网进行围封处理，铁丝网不仅可以阻止牲畜进入草地，而且由于铁丝网的孔径较小；还能够起到阻挡啮齿类动物进入的作用，在一定程度上降低啮齿类动物的数量，对草场保护具有积极作用。耙地时，耙深 3~5 cm，可保证草种生根后根系能够生长到更深的土层中，牧草植株能够更好地抵御高寒天气和大风，有利于退化高寒草地的修复。

2.2.1.2　配种

播种时将多种草种组合播种，组合种子中包括快速定植和慢速定植草种，选择纯净度均大于 95% 的快速定植和慢速定植草种，将它们按（3~4）：1 的质量比均匀混合，快速定植草种为垂穗披碱草和麦芒，慢速定植草种为冷地早熟禾。两种特性的种子相结合，保证草种出苗的延续性，即在不同的时间段内均有草种出苗，即使在气候恶劣的环境中，幼苗也能得到充足补充；而且，先出苗草种的植株可对后出苗草种的幼苗进行保护，后出苗草种成活率大大提高。选择垂穗披碱草和老麦芒作为快速定植草种，选择冷地早熟禾作为慢速定植草种，不是因为它们的出苗速度不同，还因为垂穗披碱草和老麦芒是上繁草种，它们的植株较高，冷地早熟禾为下繁草种，其植株较矮，两种草种相互配合，形成高低层次鲜明的植物群落，保证植被建成后群落结构合理，具有较高的稳定性。

2.2.1.3　种子处理

将配好的种子置于 25~35 ℃的温水中浸泡中 2~3 h，然后按 1：（1~2）的质量比与拌种剂均匀混合；拌种剂包括以下重量份的组分：C 型或 D 型肉毒素 4~5 份，吲哚乙酸 5~10 份，杀虫剂 1~3 份，杀菌剂 3~5 份和沙土 4~5 份。肉毒素可降低草场内啮齿类动物的数量，杀虫剂（吡虫啉）、杀菌剂（三唑酮）可避免种子在发芽前即被虫害或有害菌类残害，发芽率得到充分保证，吲哚乙酸可促进草种生根发芽，沙土可防止种子发生团聚，播种时种子分散更加均匀，后续植株生长时长势较为均匀。

2.2.1.4　播种

在 5 月下旬进行播种，播种方式为播种机点播或人工撒播。采用播种机播种时，株行距为 10~15 cm，播种密度为 5~10 kg/ 亩；播种后用圆盘耙或人工钉耙覆盖播种区域，再对播种区域进行镇压处理，使种子没入土壤 3 cm 左右。

2.2.1.5　田间管理

投放有毒饵，可有效控制啮齿类动物的数量，避免植被过度撕咬。毒饵由饵料、香精和肉毒素制作而成，将燕麦、青稞或小麦作为饵料，置于温水中浸泡1~3h，取出滤干，再与油质香精以10∶（1~2）的质量比均匀混合；将C型肉毒素溶于水中，配置终浓度为0.1%~0.2%的C型肉毒素溶液；将饵料平铺在纱布上，然后用肉毒素溶液喷淋饵料，以饵料表面充分湿润为准，得到毒饵。将草地划分成4m×4m的小块，小块中央为投放点，每个投放点投放10~20g毒饵。可对毒饵的投放密度进行调控，以避免投放密度过小而达不到消灭啮齿类动物的目的，或者是投放密度过大，使啮齿类动物数量过低而造成生物链的破坏。

2.2.1.6 封育

实施补播后的退化高寒草地需要进行2~3年的禁牧封育。

2.2.2 实施案例

按照上述步骤，在拉萨市当雄县进行退化草地生态补播。生态补播后第三年，在6月、7月、8月、9月、10月初在样地内随机设置5个面积为50m×100m的样带。在每个样带内随机设置10个50cm×50cm的小样方，记录每个样方内的植物种类，然后采用样方法（由100个面积为5cm×5cm的网格组成），分别测量群落盖度和高度。将小样方内的植物地上部分齐地面刈割称重。由数据统计结果如表2-3所示。补播改良地较对照地植被群落盖度增加45.9%（8月），群落盖度较对照地增加了80.6%，补播改良地较对照地植被地上生物量增加了66.0%（表2-3）。退化草地生态补播可获得较好生产能力和草地覆盖度，有利于促进草地恢复（图2-5）。

表2-3 补播后退化天然草地高度、盖度及地上生物量的变化

指标	处理	月份				
		6月	7月	8月	9月	10月
盖度（%）	对照	16.33	34.14	48.66	50.24	41.00
	补播	21.05	61.67	81.67	76.89	61.53
	提高（%）	28.90	80.64	67.84	53.05	50.07
高度（cm）	对照	1.97	3.85	4.16	3.67	2.47
	补播	2.32	5.16	6.07	5.00	3.08
	提高（%）	17.77	34.03	45.91	36.24	24.70

（续表）

指标	处理	月份				
		6月	7月	8月	9月	10月
生物量（g/m²）	对照	98.24	172.73	201.37	154.02	121.00
	补播	137.31	269.54	334.27	228.27	174.43
提高（%）		39.77	56.05	66.00	48.21	44.16

图 2-5　退化草地生态补播效果

2.3　高寒草地施肥技术

　　藏北高寒草地大面积退化，草地植被盖度的降低，土壤沙化现象严重，土壤养分的流失，高寒草地土壤肥力明显下降，已经成为高寒草地植被恢复的制约因素。针对高寒草地土壤养分流失制约草地恢复的问题，高寒草地施肥技术是维持草原生态系统养分平衡的重要管理方式，能够补充土壤中损失的有效养分，是恢复退化草地肥力，提高草地生产力的有效途径。高寒草地施肥技术具备两个特点：一是肥料以有机肥为主，应用发酵技术促进高寒草地生态系统营养元素的周转，减少超施化肥导致的环境污染问题；二是高寒草地施肥技术可作为辅助技术，提升其他草地恢复技术的实施效果。

2.3.1 技术规程

高寒草地施肥技术包括有机肥发酵、肥料配比和肥料施撒等步骤。

2.3.1.1 有机肥发酵

将牛羊粪肥与枯草按（2~3）：1 的质量比混合后发酵 5~7d，枯草由退化草地中生长的杂草晒干后得到，不仅有利于高寒草地植物生长，而且发酵后的有机肥含有较多有益菌群，可促进播种后的草地在短时间内形成高寒地区特有的群落，草地修复效果更佳。

2.3.1.2 肥料配比

发酵物中添加氮肥和过磷酸钙，可调节肥料的 C/N 保持在（25~30）：1，较高的 C：N 比肥料可在短期内控制杂草生长；肥料配比以有机肥为主，牛羊粪肥用量 500kg/ 亩，过磷酸钙用量 20kg/ 亩，尿素用量 20kg/ 亩，大量的有机肥提供了足够的碳、氮和磷元素，供土壤微生物分解为植物提供养分，以促进牧草的快速生长。

2.3.1.3 肥料施撒

将混合好的肥料撒入耙好的土壤中，再平整磨平土地。条播牧草则采用开沟的办法，开沟后在撒入底肥；出苗后在雨前撒尿素进行追肥，保证在植物生长关键时期，水分得到充分的利用。

2.3.2 实施案例

在藏北地区安多县帕那镇，比较了不施肥（CK）、施氮磷肥（NP）、施有机肥（O）、有机肥 + 氮磷肥混施（ONP）对退化高寒草地的影响。利用标准收获法在不同处理的样地内随机选取 3 个 50 cm × 50cm 的小样方，记录每个样方内的植物种类，然后采用样方法（由 100 个面积为 5cm × 5cm 的网格组成），分别测量群落盖度和高度。将小样方内的植物地上部分齐地面刈割称重。

2.3.2.1 施肥对高山嵩草草甸植被地上生物量的影响

由图 2-6 可以看出，在草地生长各个时期，施肥处理的草地地上生物量相比不施肥处理均有一定程度的增加。在施肥试验初期，不同施肥处理间的高寒草地地上生物量均无显著差异。草地生长至 7 月，各施肥处理的草地地上生物量已显著高于不施肥（CK）（$P<0.05$），各施肥处理间无显著差异（$P>0.05$）。随着生长季的延长，施肥后的效应逐渐显现出来。在 8 月藏北草地生长旺盛期，施肥处理的地上生物量与不施肥（CK）相比，增加幅度为 23.6%~199%。其中，施氮

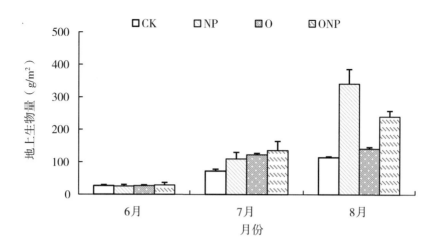

图 2-6　不同施肥处理对高山嵩草草甸植被地上生物量的影响

注：CK、NP、O、ONP 分别为不施肥、施氮磷肥、施有机肥、有机肥与氮磷肥配施 4 个处理

磷肥（NP）的草地地上生物量最高，达到了 341.3g/m²，是不施肥（CK）的 2.99 倍。施氮磷有机肥（ONP）的地上生物量也显著高于单施有机肥（O）与不施肥（CK）（$P<0.05$），是不施肥（CK）的 2.11 倍。由此看出，在藏北草地生长旺盛期，各种施肥方式均不同程度地提高了草地地上生物量，其中施氮磷肥（NP）与施氮磷有机肥（ONP）方式达到了显著水平（$P<0.05$），而单施有机肥虽然也能提高草地生产力，但与不施肥（CK）无显著差异（$P>0.05$）。说明施氮磷肥（NP）和施氮磷有机肥（ONP）对提高草地地上生物量的效果最优。

2.3.2.2　施肥处理对高山嵩草草甸植被盖度的影响

在施肥处理初期阶段，各处理的草地植被盖度均没有显著差异（图 2-7）。随着生长季的延长，不同施肥处理的草地盖度发生了一定程度的变化，施肥处理有利于高山嵩草草甸植被盖度的增加。在 7 月，处理 ONP 的草地植被总盖度显著高于其他施肥处理。而在草地生长旺盛期（8 月），处理 NP 和 ONP 间无显著差异，但均显著高于处理 O 和处理 CK。

2.3.2.3　施肥对高山嵩草草甸植物物种组成的影响

不同施肥处理下高山嵩草草甸群落生长旺盛期物种组成及其重要值存在明显的差异（表 2-4）。物种组成分析表明，不施肥处理 CK 植物群落由 29 种植物组成，其次为处理 ONP 和处理 O，物种数分别为 27 种、26 种，而 NP 处理的物种

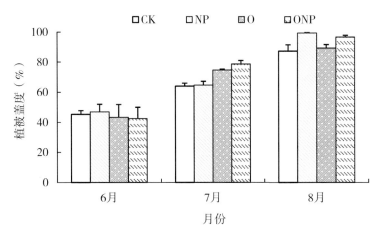

图 2-7　不同施肥处理对高山嵩草草甸植被盖度的影响

数最低，仅为 23 种，说明施氮磷肥在一定程度上限制了一部分物种的生长，NP 处理的物种数相比不施肥处理降低了 20.7%。不施肥处理 CK 中的罕见杂类草如白亮独活（*Heracleum candicans*）、猪毛菜（*Salsola collina*）、肉果草（*Lancea tibetica*）、虎耳草（*Saxifraga stolonifera*）、驼绒藜（*Ceratoides compacta*）、扁蕾（*Gentianopsis barbata*）、滇紫草（*Onosma paniculatum*）等在 NP 处理中出现了严重缺失，而 NP 处理中也出现了 CK 中未出现的金露梅（*Potentilla fruticosa*），说明施氮磷肥在一定程度上影响了高山嵩草草甸植物物种组成。在有机肥与氮磷肥配施处理 ONP 中，莎草类中的青藏苔草以及杂类草中的肉果草、虎耳草等出现了缺失，但新增了灰绿藜、金莲花、雪灵芝等垫状植物。通过对不同施肥处理下高山嵩草草甸植物物种重要值的分析表明（表 2-4），各施肥处理的优势种没有发生大的改变，仍是以莎草类的高山嵩草、禾草类的紫花针茅（*Stipa purpurea*）、早熟禾（*Poa annua*）、西藏鹅观草（*Roegneria tibetica*）以及杂类草中的黄花棘豆、星毛委陵菜、矮火绒草等为主。施肥后，莎草类中青藏苔草（*Carex moorcroftii*）与禾草类的早熟禾、银洽草（*Koeleria argentea*）等的重要值有所降低，而杂类草中的藏黄芪（*Astragalus tibetanus*）、翠雀花（*Delphinium grandiflorum*）、高原毛茛（*Ranunculus tangutica*）均表现出增加的趋势，尤其是短穗兔耳草（*Lagotis glauca*）的重要值增加极为明显。

表 2-4　不同施肥处理下高山嵩草草甸植物物种组成及其重要值

植物类群	物种	重要值			
		CK	NP	O	ONP
莎草类	高山嵩草 [*Kobresia pygmaea* (C. B. Clarke) C. B. Clarke]	0.08	0.08	0.08	0.08
	青藏苔草 (*Carex moorcroftii* Falc. ex Boott)	0.03	0.02	0.02	—
禾草类	紫花针茅 (*Stipa purpurea* Griseb.)	0.06	0.06	0.06	0.06
	早熟禾 (*Poa annua* Linn.)	0.06	0.06	0.06	0.06
	西藏鹅观草 [*Roegneria tibetica* (Melderis) H. L. Yang]	0.05	0.05	0.05	0.05
	羊茅 (*Festuca ovina* Linn.)	0.05	0.05	0.05	0.05
	银洽草 (*Koeleria argentea* Griseb.)	0.04	0.04	0.04	0.04
杂草类	黄花棘豆 (*Oxytropis ochrocephala* Bunge.)	0.06	0.06	0.06	0.06
	星毛委陵菜 (*Potentilla acaulis* Linn.)	0.06	0.06	0.06	0.06
	矮火绒草 [*Leontopodium nanum* (Hook. f. et Thoms.) Hand.-Mazz.]	0.06	0.06	0.05	0.05
	垫状点地梅 (*Androsace tapete* Maxim.)	0.04	0.05	0.04	0.04
杂草类	瓣蕊唐松草 (*Thalictrum petaloideum* Linn.)	0.04	0.04	0.04	0.04
	蒲公英 (*Taraxacum mongolicum* Hand. - Mazz.)	0.04	0.04	0.04	0.04
	藏黄芪 (*Astragalus tibetanus* Benth.)	0.04	0.04	0.04	0.04
	星状凤毛菊 (*Saussurea stella* Maxim.)	0.04	0.04	0.04	0.04
	白花枝子 (*Dracocephalum heterophyllum* Benth.)	0.04	0.04	0.04	0.04
	高山紫菀 (*Aster alpinus* Linn.)	0.03	0.04	0.03	0.04
	翠雀花 (*Delphinium grandiflorum* Linn.)	0.03	0.03	0.03	0.03
	高原毛茛 [*Ranunculus tangutica* (Maxim.) Ovcz.]	0.03	0.03	0.03	0.03
	短穗兔耳草 (*Lagotis glauca* Maxim.)	0.01	0.04	0.03	0.03
	矮小蓝钟花 (*Cyananthus incanus* Hook. f. et Thoms.var. parvus Marq.)	0.02	0.02	0.02	0.02
	柔茎马先蒿 (*Pedicularis elliotii* Tsoong)	0.02	0.02	0.02	0.02
	白亮独活 (*Heracleum candicans* Wall. ex DC.)	0.02	—	—	0.02
	猪毛菜 (*Salsola collina* Pall.)	0.01	—	—	0.01
	肉果草 (*Lancea tibetica* Hook. f. et Thoms.)	0.01	—	0.01	—
	虎耳草 (*Saxifraga stolonifera* Curt.)	0.01	—	0.01	—
	驼绒藜 [*Ceratoides compacta* (Losinsk.) Tsien et C. G. Ma]	0.01	—	—	0.01
	扁蕾 [*Gentianopsis barbata* (Froel.) Ma]	0.01	—	—	—
	滇紫草 [*Onosma paniculatum* Bur. et Franch.]	—	—	—	—

（续表）

植物类群	物种	重要值			
		CK	NP	O	ONP
杂草类	金露梅（*Potentilla fruticosa* Linn.）	—	0.02	0.02	—
	灰绿藜（*Chenopodium glaucum* Linn.）	—	—	0.01	0.01
	雪灵芝（*Arenaria kansuensis* Maxim.）	—	—	—	0.01
	金莲花（*Trollius chinensis* Bunge.）	—	—	—	0.00

注："—"表示此物种在该处理下未出现

2.3.2.4 施肥对高山嵩草草甸植物物种多样性的影响

施氮磷肥处理的 Shannon-Wiener 多样性指数显著低于其他处理（表 2-5）。NP 的 Shannon-Wiener 多样性指数相比 CK 分别下降了 10.5%。各施肥处理的 E.Pielou 均匀度指数差异不显著（$P>0.05$）。施有机肥和有机肥与无机肥混施处理的多样性指数和均匀度指数与对照无显著差异（$P>0.05$）。

表 2-5　不同施肥处理对高山嵩草草甸植物群落多样性指数和均匀度指数的影响

处理	Shannon-Wiener 多样性指数	E.Pielou 均匀度指数
CK	8.583 0 a	2.548 9 a
NP	7.681 2 b	2.449 8 a
O	8.229 7 a	2.525 9 a
ONP	8.130 7 a	2.467 0 a

注：不同字母表示不同施肥处理间差异显著（$P<0.05$）

虽然从生产力的角度来看，施氮磷肥条件下高寒草地生物量最高，但是施氮磷肥降低了植物物种数和物种多样性，对高寒草地带来了负面影响。施氮磷肥限制了一部分杂类草的生长，物种数相比不施肥处理降低了 20.7%，物种多样性指数降低了 10.5%。

在有机肥和氮磷肥配施条件下，高寒草地生物量和植被盖度增加明显，物种组成和物种多样性变化不大。综合考虑草地生产力、物种组成和物种多样性，有机肥与氮磷肥配施的方式是恢复草地植被群落生长的最佳途径。本案例中，有机肥与氮磷肥配施不仅增加了群落中可利用养分水平，消除了草地生态系统对养分的限制，而且有机肥养分比较全面，肥效均衡持久，这既能改变土壤结构、培肥改土，促进土壤养分的释放，又能供应、改善草地植物营养，从而促进草地植被的生长。

2.4　草地光伏智能灌溉技术

温度升高和季节性干旱加剧是导致高寒草地退化的主要气候因素。升温引起的冰川加速消融也导致了高原湖泊和河流水位的上涨，地表径流量的增加，使利用灌溉进行高寒草地恢复成为可能。而过去灌溉主要在与农田相临近的人工草地进行尝试，如在日喀则市人工草地进行灌溉研究中牧草产量提升 1.1 倍。结合光伏发电技术的光伏智能灌溉技术能解决高寒草地电力供应难以覆盖的现实问题，同时应用灌溉技术促进退化高寒草地恢复。

针对季节性干旱导致高寒草地退化的问题，利用高原地表水增加以及太阳能资源丰富的有利条件，开发了光伏智能灌溉技术，其适于在河流、湖泊等地表水源附近实施。该技术可以为退化草地增加水分供给，有效应对生长季干旱，提高退化高寒草地物种多样性和生产力，适用于轻度及中度退化高寒草地的修复，也可以作为重度及以上退化草地辅助修复技术。具有以下 3 个特点。

①采用光伏发电提供动力能源，充分利用高原丰富的太阳能资源，相比燃油机具有使用过程中无污染、零排放的优势，不会为脆弱的高原生态环境增加负担。

②光伏发电还具备易组装、可移动的特点，能够解决高寒草地无动力能源的问题，适用于在地表水源地附近分散开展灌溉恢复。

③采用土壤含水量自动电路控制系统，根据土壤干旱实际情况实时判断控制灌溉时间和灌溉量，及时有效地抵御季节性干旱对高寒草地的负面影响，促进退化草地有效恢复。

2.4.1　技术规程

光伏智能灌溉系统，由供电模块、电路控制箱、供水模块、输水模块和喷灌模块组成（图 2-8）。

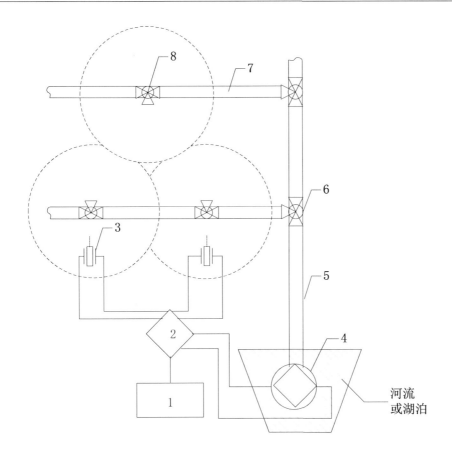

1. 太阳能供电组 2. 电路控制箱 3. 土壤水分探头 4. 直流潜水泵 5. 主输水带
6. 主三通 7. 分输水带 8. 喷灌三通
图 2-8 用于退化高寒草地的光伏智能灌溉系统结构

供电模块由与电路控制箱连接的太阳能供电组组成，包括太阳能电池组件、太阳能控制器和蓄电池组（图 2-9）。太阳能电池组件通过太阳能控制器与蓄电池组电性连接；太阳能电池组件用于将太阳的辐射能量转换为电能送往蓄电池组存储，并推动电路控制箱工作；太阳能供电组中的太阳能电池组件中的太阳能发电板、蓄电池组可根据具体实施中选用的水泵所需的供电要求进行匹配选择；太阳能控制器用于控制太阳能供电组的工作状态，并对蓄电池起到过充电或过放电保护作用。

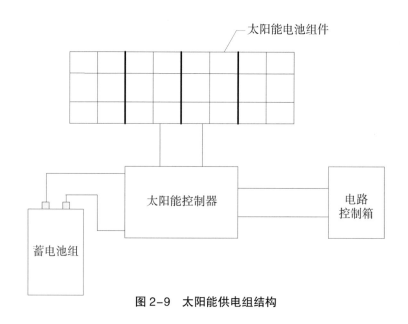

图 2-9　太阳能供电组结构

　　电路控制箱用于控制供电组对灌溉系统的供电（图 2-10）。当太阳能供电不足或蓄电池组电量过低时，控制供水模块暂停灌溉，同时暂停喷灌计时；当供电充足时，控制供水模块进行灌溉，至灌溉计时达到预设时间停止灌溉，完成一次灌溉。太阳能电池组件的一端接地，另一端通过二极管 D1 与继电器开关 J1 的一端连接，继电器开关 J1 的一端还通过电阻 R1 与指示灯 L1 的正极连接；指示灯 L1 的另一端接地，继电器开关 J1 的另一端作为太阳能供电组的输出端 K 与电路控制箱连接，且通过保险丝与蓄电池组正极连接，蓄电池负极接地；太阳能供电组的输出端 K 与稳压电路的输出端连接，稳压电路的输入端与过充比较电路和过放比较电路连接，过充比较电路和过放比较电路还连接有状态指示电路；状态指示电路的状态指示灯包括充电指示灯 L2、过放指示灯 L3 和正常指示灯 L4。电路控制箱还连接有若干个土壤水分探头，土壤水分探头为型号为 HA2001 的土壤湿度传感器，电路控制箱中主控芯片为 MSP430 系列单片机。每个土壤水分探头设置在喷灌范围内，并与每个喷灌三通的位置一一对应，且埋入距离喷灌三通 5m 处的土壤表层 10cm 深度处。

　　供水模块为分别与电路控制箱和输水模块连接的直流潜水泵。直流潜水泵设置于退化草地附近的河流或湖泊中，直流潜水泵设置深度与退化草地高度差小于或等于 10m，输水喷灌网中相邻分输水带上的喷灌三通交错排列，以有效覆盖

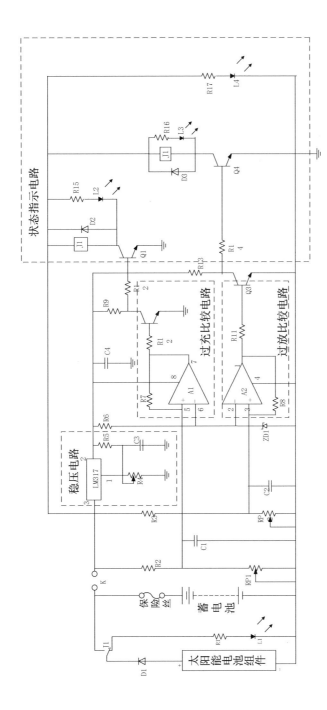

图 2-10　电路控制箱结构

退化草地。

输水模块由主输水带、分输水带、主三通和喷灌三通组成，直流潜水泵出水口连接的主输水带的一端，主输水带上设置有若干个主三通，主三通均连接有一个分输水带，每个分输水带上设置至少一个喷灌三通，通过喷灌三通与输水喷灌架及旋转喷头连接组成输水喷灌网。主输水带为单侧分支，相邻两个主三通之间的主输水带的长度为20m，分输水带上相邻两个喷灌三通之间的分输水带长度为20m。

喷灌模块包括输水喷灌架和旋转喷头，每个喷灌三通均通过一个输水喷灌架与一个旋转喷头连接。

2.4.2 实施案例

在西藏那曲市色尼区那玛切乡选择围栏封育中度退化高寒草地进行光伏灌溉恢复，灌溉草地距河流50m，灌溉草地与河底水泵位置高差5m，灌溉草地面积50亩。

灌溉方法具体为：将18块38V、200W单晶硅太阳能发电板串联组成36V、3.6kW太阳能电池组件、3块12V、100Ah胶体蓄电池串联成36V、100Ah的蓄电池组和太阳能控制器组成太阳能供电组1；并与电路控制箱2和直流潜水泵4组成光伏供电泵水电路；其中，直流潜水泵4的参数为：功率1.5kW、扬程30m、输水量15m³/h。

将直流潜水泵4与主输水带连接后，将潜水泵置于退化草地附近的河流中；输水带与三通组成输水网，主输水带5采用单侧分支，两个主三通6之间输水带长度为20m（如采用双侧分支，两个主三通6之间输水带长度为10m）；分输水带7上每隔20m连接一个喷灌三通8，将旋转喷头、喷灌架与三通连接，组成完整输水喷灌网络；将旋转喷头设定为旋转方式，喷灌半径为10m，喷灌架与三通连接，喷灌可覆盖整块退化高寒草地。

生长季5—8月，对电路控制箱2中的主控制电路的主控芯片进行参数设定，以50%的土壤湿度探头监测土壤田间持水量的50%（土壤体积含水量12.5%）为灌溉启动阈值，即将其设定为太阳能供电组1与供水模块和输水模块进行供电连接的阈值，灌溉计时设置为10h。太阳能电池组件可以在太阳能充足时对蓄电池组进行充电的同时为供水模块提供所需电能。藏北高原在下午常出现多云天气，蓄电池组可以避免太阳能电池组因多云导致的电力供应不足的问题，为系统持续提供电能。同时，设置的移动充电装置可以在蓄电池组电能不足时对其进行充电，以满足灌溉区的需水量，同时选择围栏内距灌溉区20m半径内的退化草地作为对照区（图2-11）。

图2-11　高寒草地光伏喷灌

2.4.3　实施效果

2.4.3.1　光伏灌溉对草地地上生物量的影响

藏北高寒草地地上生物量呈显著的季节变化规律。6月草地生物量相对较低，对照处理中只有21.2g/m²；进入7月，随着温度升高和降水增多，草地植物生长迅速；8月达到最高值94.7g/m²；9月有所下降。灌溉对草地生物量季节变化规律无显著影响，均为8月达到最高值。6—9月，灌溉处理中草地生物量分别为39.52g/m²、121.2g/m²、204.8g/m²和145.7g/m²，均明显高于对照（$P<0.05$），较对照增幅分别达到86.2%、73.6%、116.4%和147.4%（图2-12）。

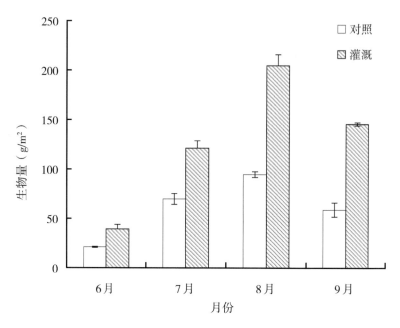

图 2-12　光伏灌溉对高寒草地生物量的影响

2.4.3.2　光伏灌溉对草地群落物种组成及其重要值的影响

灌溉对藏北高寒草地物种组成具有明显的影响。灌溉条件下样地中出现了对照中未出现的物种，如白花枝子花（*Dracocephalum heterophyllum*）、金莲花（*Trollius chinensis*）、甘肃马先蒿（*Pedicularis kansuensis*）等；而在对照中出现的猪毛菜（*Salsola collina*）并未在灌溉处理中出现。灌溉条件下青藏苔草（*Carex moorcroftii*）、羊茅（*Festuca ovina*）、金露梅（*Potentilla fruticosa*）等物种重要值增加；也有部分植物重要值有下降的趋势，如早熟禾（*Poa annua linn.*）、紫花针茅（*Stipa purpurea*）等。

在灌溉条件下，莎草科物种重要值所占比例无明显变化，而禾本科植物比例减少，杂类草重要值明显增加；这主要取决于金露梅（*Potentilla fruticosa*）、蒲公英（*Taraxacum mongolicum*）和高原毛莨（*Ranunculus tangutica*）等植物重要值的增加。总体而言，在藏北高寒草地中莎草科物种比例在 10% 左右，禾本科植物比例维持在 30% 左右。在藏北高寒草地生态系统中杂类草所占比例最高，超过 50%（图 2-13）。

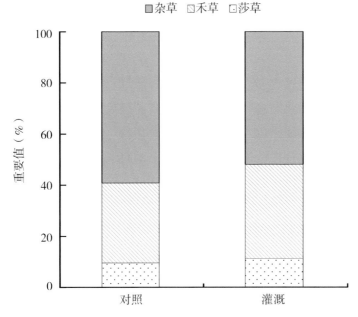

图 2-13　灌溉对藏北高寒草地物种重要值的影响

2.4.3.3　光伏灌溉对高寒草地植物物种多样性的影响

灌溉措施对藏北高寒草地植物物种多样性的影响根据不同多样性测度而不同（图 2-14）。灌溉条件下，Simpson 指数和 Pielou 指数与对照处理无显著差异

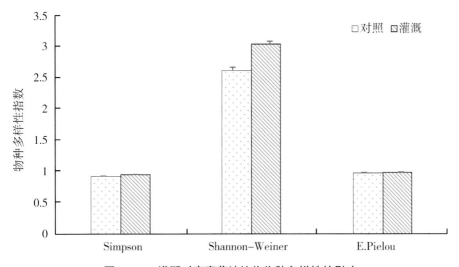

图 2-14　灌溉对高寒草地植物物种多样性的影响

（$P>0.05$）。而 Shannon-Weiner 指数在灌溉条件下显著高于对照（$P<0.05$），增幅达到 16.5%。

2.5　生态保护与修复技术实施过程要注意的原则

虽然针对藏北退化高寒草地治理和生态保护采取了一系列举措，具有一定工作基础。但是，由于缺乏适合大面积推广的优质牧草品种和成熟的生态补播等恢复技术以及适度放牧管理模式，尚无高效统一的科学研究和技术集成示范及其综合推广平台，难以支撑天然草地生态恢复。因此，在未来开展的退化草地恢复需要注意以下原则：

2.5.1　选用乡土优质牧草品种

利用乡土优质牧草进行生态补播，加速天然高寒草地的生态恢复，避免外来物种入侵引起的草地群落结构和生物多样性的改变，更加完整有效地保护高寒草地生态系统。

2.5.2　集成生态补播技术

利用适宜高寒草地的免耕补播机等农机具，补播乡土优质牧草品种；扩大退化草地灌溉面积；综合节水灌溉、土壤施肥等关键技术，形成具有藏北高原特色的生态补播技术体系。

2.5.3　技术集成和综合示范基地建设

因地制宜地研发退化高寒草地围封禁牧、生态补播、施肥、灌溉等组合技术，形成高寒退化草地恢复与保护综合技术模式，开展区域性示范。

3

藏北高寒牧区牧草种植技术

　　藏北高原海拔高、气候寒冷、冬季漫长,天然草地生产力较低而且生长季较短,冬春季饲草料严重不足。近年来,气候变化和过牧超载等人类活动导致藏北高原高寒草地呈现出大范围退化,严重影响到了高寒天然草地饲草料供应能力,冬春季缺草问题进一步加剧,对藏北高原社会、经济和生态环境可持续发展带来诸多挑战。因此,发展人工牧草种植,可以提高饲草料生产能力的同时缓解天然草地压力,解决高寒牧区冬春季饲草料短缺问题,是高寒草地畜牧业可持续发展的重要途径,也是恢复退化草地的有效措施。但是,藏北高原草地生态系统脆弱,不适宜大面积开垦天然草地用于人工种草;此外,已建植的人工草地牧草品种相对单一、管理不足,导致藏北高原人工草地利用率较低。因此,应充分考虑在易于管理的区域小范围内开展人工牧草种植。在高寒牧区,可以利用牲畜暖棚、庭院等夏季闲置区域,开展牧草种植;并可以根据高寒牧区气候特点,建造简易温室,用于牧草种植,填补短缺问题,从而缓解天然草地压力。

3.1　暖棚牧草种植技术

　　高寒牧区暖棚牧草栽培技术旨在根据藏北高原当地生态条件和牧草生物学特性而为当地农牧民提供的一套科学的牧草种植技术,其目的是提高牧草产量和品质,解决当地冬春季饲草不足问题,缓解当地草畜矛盾。高寒牧区暖棚牧草栽培技术,对解决高寒牧区牧草短缺问题具有重要意义,有利于家畜营养均衡,提高免疫力,顺利过冬,降低家畜死亡率,对提高农牧民收入、提高农牧民生活水平具有重要意义。

　　从草地资源管理的角度出发,草地严重超载、滥牧、抢牧、缺乏建设、缺少管护是造成草地严重退化,环境趋于恶化的重要原因。因此,针对高寒草地饲草料供应不足、不稳定和不平衡现象，利用高寒牧区牲畜暖棚季节性闲置、肥力高、易管理等特点，实施高寒牧区暖棚牧草人工栽培是十分必要的。高寒牧区暖棚牧草种植有利于提高畜牧业经济效益、增强牲畜冬春季饲草储备能力、维持草原生态功能和生产力稳定，促进藏北高寒草地畜牧业发展。

3.1.1 技术要点

3.1.1.1 播种前准备

（1）草种选择

暖棚草种选择以一年生禾本科植物为主，可选择燕麦、青稞、小黑麦等。种子纯度、净度、发芽率符合 GB 6142—2008 禾本科草种子质量分级的要求。

（2）种子处理

牧草种子采用碾压等方式进行去芒处理。

（3）地面处理

暖棚内牲畜粪便较多、土壤表层厩肥较厚。为了避免过多的养分对牧草生长的影响，将多余的粪便清除出暖棚。厩肥厚度在 5 cm 左右为宜，不能超过 8 cm。

（4）翻耕整地

深耕 20~30 cm，耙地去除石块，整平地面。暖棚内温度高、地面板结严重，翻耕前可视情况进行适当灌溉，增加土壤水分含量，有利于破碎土块。

3.1.1.2 播种

4月底牲畜出暖棚后，5月初进行播种。主要采用人工撒播的方式进行播种，播量为 15 kg/亩，播种深度为 3~5 cm。

3.1.1.3 播后管理

（1）灌溉

暖棚内温度高、土壤干旱，应根据土壤含水量情况及时灌溉，一般 7~10 d 灌溉一次。

（2）棚内通风

开暖棚门窗，保持棚内通风良好，棚内温度不宜超过 28℃，避免对植物产生热害。

3.1.2 实施步骤

以种植青稞为例，实施步骤如下。

①播前地面处理：重耙或翻耕。

②播种量：每亩 15 kg。

③播种时间：4 月底牲畜出暖棚后，5 月 10 日进行播种。

④镇压：播种后进行耙地处理，使草种没入土壤中。

⑤封育：将圈棚门关（围）好，防止不利于草种萌发的外界因素扰动。

⑥消灭鼠虫：播区内发现鼠虫为害严重的要及时防治扑灭。

⑦灌溉：播种前灌溉 1 次，播种后每 10d 灌溉 1 次。

⑧储藏：牧草收割以后，在田间摊开暴晒，待水分降至 30% 时，将牧草堆成高约 1m 的小堆，保持蓬松，任其风干，1~3 周即可。将晒制好的干草合理贮藏，如搭棚堆藏，或露天堆垛。

3.1.3　实施效果

3.1.3.1　不同厩肥处理对牧草产量影响

在罗玛镇 2 村开展暖棚燕麦和青稞种植，人工撒播，播种量为 15kg/ 亩，播种深度为 3cm。设置棚圈内厩肥厚度 0cm、5cm 和 8cm 3 个肥料梯度。牧草生长到抽穗期至开花期时，在种植点随机取 1.0m × 1.0m 的样方，重复 3 次，齐地面刈割称重。

对比研究表明，暖棚内不同厩肥处理对燕麦和青稞的产量具有显著的影响。

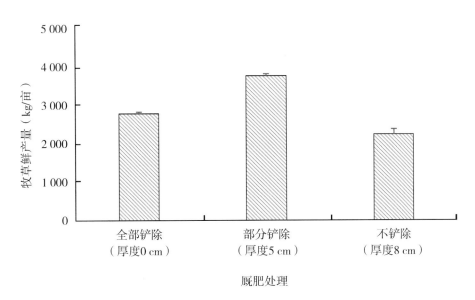

图 3-1　不同厩肥处理条件下高寒牧区暖棚燕麦产量

对燕麦而言，在厩肥全部铲除的情况下，鲜草产量达到 2 791kg/ 亩；厩肥厚度为 5cm 时，鲜草产量高达 3 772kg/ 亩；而不铲除厩肥的情况下（厚度 8cm），鲜草产量仅为 2 245kg/ 亩（图 3-1）。对青稞而言，在厩肥厚度为 0cm、5cm、8cm 时，鲜草产量分别为 1 689kg/ 亩、2 151kg/ 亩和 1 228kg/ 亩（图 3-2）。总体上，厩肥厚度 5cm 时，燕麦和青稞产量均最高，而厩肥厚度超过 8cm，会造成牧草减产。

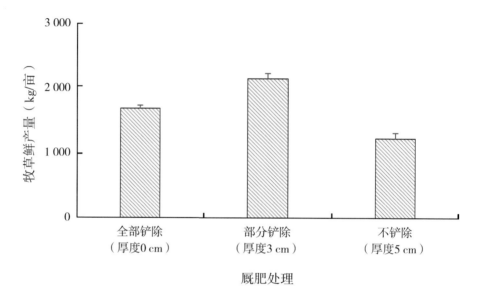

图 3-2　不同厩肥处理条件下高寒牧区暖棚青稞产量

3.1.3.2　不同翻耕深度对牧草产量影响

在罗玛镇 2 村开展暖棚燕麦和青稞种植，人工撒播，播种量为 15 kg/ 亩，播种深度为 3cm。设置土壤深翻处理（25cm）和牧户传统浅耕两个处理。牧草生长到抽穗期至开花期时，在种植点随机取 1.0m × 1.0m 的样方，重复 3 次，齐地面刈割称重。

对比结果表明，高寒牧区暖棚种草时，深耕有利于牧草产量大幅提高。而牧民传统的浅耕方式不利于牧草生长。在深耕条件下，燕麦鲜草产量达到 3 437kg/ 亩，而在传统浅耕方式下，产量仅为 1 139kg/ 亩（图 3-3）。暖棚内温度高、土壤板结严重，因此通过深翻不仅可以打破土壤板结层，增加土壤孔隙，而且有利于厩肥进一步发酵，有效提高土壤肥力。

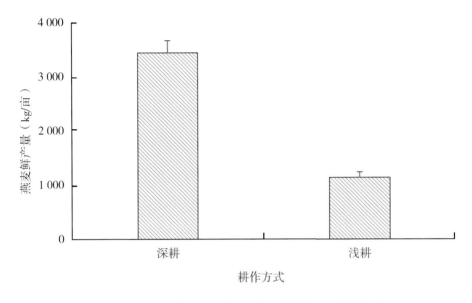

图 3-3　不同耕作方式对高寒牧区暖棚燕麦产量的影响

3.2　温室种草技术

　　针对气候变化和草地退化导致的高寒草地饲草料供应不足、不稳定和不平衡等问题，充分发挥藏北高原丰富的太阳能资源，克服寒冷温度限制，因地制宜建设温室大棚，种植适宜于当地条件的高产牧草，采用科学的建植技术，有利于提高人工牧草种植的综合效益和增强牧草储备能力，促进藏北高寒草地畜牧业发展。

3.2.1　技术要点

3.2.1.1　温室选址与建造

　　温室选址的土壤、水质条件均要符合无公害农产品基地标准。通过现场勘查和牧户调查，确定温室建设区域。根据高寒牧区的气候寒冷和昼夜温差大等自然地理环境特征，温室适宜采用砖石钢筋结构，并以透明塑料材质的顶棚覆盖。温室建造的主要参数包括方位、规模、材质等。方位为东西走向，温室方位角南偏西 5°~7°；合理采光屋面角 25°~28°；宽度 7~8m，长度 60~70m，脊高2.9~3.2m，后墙墙高 2.3~2.6m，后屋面仰角 30°~35°，后屋面投影 1.2m 左右；后墙体可选用异质复合型墙体，采用夹心墙体结构；温室后屋面铺设 5cm 的水泥预制板，并在预制板上铺 30~40cm 的炉渣或草泥作保温层。温室前后屋面中部不设立柱；前屋面拱架下建防寒墙；以当地最冷月（通常为 1 月）上午揭苫时，前栋温室不阻挡阳光，能直接照射到后栋温室的前底角作为温室间距。

3.2.1.2　播种前准备

由于牧草种子细小，种子萌发及幼苗生长缓慢，需在特定环境下进行合理的土壤耕作，有利于牧草种子萌发和幼苗生长发育。而温室的棚壁可防风及防寒，且光照充足，解决了播种时的大气环境条件。牧草一般要求浅播，土地如果高低不平，会造成播种深浅不一，出苗不齐；土块过大，播种后种子与土壤不易接触，不利于种子萌发。因此，播种前必须平整地块，并使土壤颗粒细匀，孔隙度适宜。温室内土地的翻耕深度可根据土壤情况而定，一般不宜太深，做到地面平整，土壤细碎即可。

每亩温室施农家肥 1 000~2 000kg，氮磷钾复合肥 20kg，用作底肥一次施完。之后应及时将肥料翻入土层，再耙细、耙平，以平整地面，耙碎土块，混拌土肥，疏松表土。农家肥在犁地前施，复合肥在整地或播种时施用。将复合肥和农家肥堆沤后施用效果最好。播种前 1~2d，应预先灌水，在土壤半干半湿的情况下进行播种。

3.2.1.3　品种筛选与种子处理

选取垂穗披碱草 + 冷地早熟禾 + 多叶老芒麦的组合，混播比例为 4：3：3。

3.2.1.4　播种

以春播为宜，在 4—5 月进行。播种量为每亩 1.5kg，遵循适量播种，合理密植的原则；播种深度 2~3 cm。

3.2.1.5　播种后田间管理措施

可采用畜群踩踏、用网型镇压器或压槽机镇压、耙地处理等多种方式使种子入土。对于边角地、不宜抓苗或闪苗等造成 30% 以上大面积缺苗地块，要进行人工补播。用除草机或适宜的化学除莠剂进行除草，苗期再除草 1~2 次。追肥的时机要掌握好。一是发现植株叶片枯黄时追肥，配合灌溉；二是在植株快速生长时进行追肥，配合追肥后即灌溉一次。在幼苗期、分蘖期、拔节分枝期用硫酸钾（10kg/ 亩）喷施 3~5 次。每次刈割后 3~5d 每亩施尿素 5~10kg，对水喷施或下雨时施。配合追肥灌溉；在牧草的拔节和抽穗期要及时灌溉。

3.2.2　实施案例及效果

在西藏自治区那曲市色尼区农业农村部那曲农业环境科学观测实验站建造了温室大棚，并进行了牧草种植示范，具体实施方式及效果如下。

3.2.2.1　温室大棚建造

在农业农村部那曲农业环境科学观测实验站，建造 3 栋温室大棚，用于牧草种植。其规格为：东西方向，宽度 7.5 m，长度 60 m，脊高 3.0~3.2 m，后墙墙高 2.5~2.6 m，后屋面仰角 30°，后屋面投影 1.2 m；后墙体采用夹心墙体结构；温室大棚内牧草可种植面积为 270 m^2。

3.2.2.2　播前地面处理

在温室大棚内，进行翻耕整地平，清除地面杂草，划分实验小区（图 3-4）。

3.2.2.3　牧草组合

多年生的垂穗披碱草、老芒麦、早熟禾。

3.2.2.4　种子质量

净度 100%，发芽率 98%。

3.2.2.5　混播比例

垂穗披碱草、老芒麦和早熟禾的混播比例为 4∶3∶3。

3.2.2.6　播种量

1.5 kg/ 亩。

3.2.2.7　播种措施

已组合和拌匀的牧草种子进行条播，灭鼠→翻耕 →耙磨→施肥→灌溉→播种→镇压→灌溉。

3.2.2.8　播种深度

2~3 cm。

3.2.2.9　播种时间

5 月上旬。

3.2.2.10　施肥量

每亩温室大棚施农家肥 1 000~2 000 kg，氮磷钾复合肥 20 kg。

3.2.2.11　灌溉

播种前 1~2 d，应预先灌水，在土壤半干半湿的情况下进行播种；配合追肥灌溉；在牧草的拔节和抽穗期要及时灌溉；每次灌溉量相当于 10~20 mm 降水量。

3.2.2.12 收割

一年收割 2 次，分别在 5 月和 9 月。

3.2.2.13 储藏

牧草收割以后，拿到温室大棚外面摊开暴晒，晒制好的干草拿到储草棚堆藏。

示范结果显示，温室内牧草产量达到 150~260kg/ 亩（图 3-5）。

图 3-4 温室地面整理

图 3-5 温室种草效果

3.3 房前屋后种草技术

牧民庭院房前屋后区域长期处在闲置状态，但该区域便于管理、土壤养分条件较好。因此，应充分发挥房前屋后空闲地，种植人工牧草，提供牧草自我供给能力。发展房前屋后人工草地，可以提高饲草料生产能力，缓解草地畜牧业的草畜矛盾，解决冬春季饲草料匮乏的问题。同时，在房前屋后种植牧草，可以改善高寒牧区居住环境，是高寒草地畜牧业可持续发展的重要途径。

3.3.1 技术要点

3.3.1.1 选址

有土壤覆盖；冬季圈养牲畜、生长季空闲、方便灌溉的牧民房前屋后区域。通过现场勘查，按照播区选择原则，确定人工种草区域。

3.3.1.2　播前地面处理

由于牧草种子细小，种子萌发及幼苗生长缓慢，需进行合理土壤耕作，为牧草的种子萌发和幼苗生长发育创造良好的土壤条件。因此，种植牧草需在播种前做好土地的地面处理。即根据不同情况进行重耙或翻耕处理，在水肥条件稍好的地方，播前整地施肥的同时埋入适量的灭草药剂。

3.3.1.3　草种选择

草种的选择必须适宜播区生境条件。既能适应当地生态环境，又具有良好的饲用价值，应以多年生乡土草种为主；外地引种必须经过风土驯化试验，确认表现好的方可作为人工种草用种。青稞是适宜在藏北高寒牧区房前屋后种植的牧草，其生产力及营养价值均很高。目前，西藏地区主要的青稞品种包括藏青85、藏青320、喜玛拉19、藏青1号、康青3号和北青3号。这些品种均属于中早熟类、中矮秆，生长期为120~130d，株高为90~110cm，穗粒较大，千粒重达35~45g左右，均具有耐旱抗寒的能力。

3.3.1.4　种子处理

将人工种草草种进行丸衣或包衣处理，加入根瘤菌（豆科）、肥料、生长素、稀土、保水剂、灭鼠灭虫药品等。

3.3.1.5　播种

播种量遵循适量播种，合理密植的原则。在缺水播区，青稞播种量为10 kg/亩；在水分较好的播区，青稞播种量为15kg/亩，以保证青稞的高产稳产。播种时间在5月上旬至6月上旬。

3.3.1.6　播种后田间管理

播后要用网型镇压器或压槽机镇压，或采用耙地、畜群踩踏（蹄耕）等方法进行镇压，使草种没入土壤中。播种草种完毕后，必须封育，即将圈棚门关好，防止不利于草种萌发的外界因素扰动。对于边角地、不宜抓苗或闪苗等造成30%以上大面积缺苗地块，进行补播；播区内发现鼠虫危害严重的及时防治扑灭；播区出现大片牧草衰亡的，及时进行补播、施肥、更新复壮。青稞对氮、磷、钾肥有一定的需求，施足底肥是非常必要的。底肥通常是每亩5kg尿素和每亩10kg磷酸二胺，混合均匀后一次施用，出苗15d后及时追施尿素，追施量为每亩3.3kg。尽管青稞是抗旱作物，但对水分还是有一定的需求，拔节至抽穗是青稞一生当中的需水临界期，在拔节25d后浇水，是高产稳产的有效保证。青稞灌浆期所需水分主要靠降水来弥补。由于藏北高原水分日蒸发量大，如果遇到降水量较少的年份，缺水将成为制约产量的主要限制因素；则应在幼苗萌发季、青苗生长季进行浇灌。因此，因地制宜地选择稳产性强和适应当地环境的优质品种和合理的配套栽培技术是保证当地青稞稳产的关键因素。

3.3.1.7 收割

用镰刀或收割机进行牧草收割，在青稞芒刺长成之前进行青苗收割。根据长势，每年刈割1~2次。青稞的收割一般是在总体成熟率达90%~95%，青稞籽粒进入蜡熟后期时，选择晴天及时收获。如果收获不及时会对产量和品质构成一定程度的影响。此时青稞茎叶和穗粒全黄，含水量低于20%~22%时，青稞脱粒并能脱粒完全。

3.3.1.8 效果评价

房前屋后人工种草效果主要通过生长季牧草的生长状况、单位面积牧草的干重两个环节进行评价。房前屋后人工种草评价指标及评价标准见表3-1。

表3-1　房前屋后人工种草评价标准

等级	青稞盖度（%）	评估指标	
		平均高度（cm）	产草量（kg/亩）
1	>85	≥44	>3 000
2	70~85	30~36	1 500~3 000
3	<70	<30	<1 500

3.3.2 实施方案

以房前屋后种植青稞为例，对实施方案进行介绍，具体如下。

3.3.2.1 播前地面处理

根据不同情况进行重耙或翻耕处理。

3.3.2.2 播种量

在缺水播区，青稞播种量为10kg/亩；在水分较好的播区，青稞播种量为5kg/亩。

3.3.2.3 农艺措施

灭鼠→翻耕→耙磨→施肥→灌溉→播种→镇压→灌溉→收获→贮藏。

3.3.2.4 播种时间

5 月上旬至 6 月上旬。

3.3.2.5 镇压

播种后使用网型镇压器镇压，或采取耙地、畜群踩踏处理，使草种没入土壤中。

3.3.2.6 封育

将庭院大门及圈门关好，防止不利于草种萌发的外界扰动。

3.3.2.7 补播及施肥

对于边角地、不宜抓苗或闪苗等造成 30% 以上大面积缺苗地块，播区出现大片牧草衰亡的，要及时进行补播、施肥、更新复壮。

3.3.2.8 消灭鼠虫

播区内发现鼠虫危害严重的要及时防治扑灭。

3.3.2.9 灌溉

幼苗萌发季、青苗生长季进行浇灌，拔节 25 d 后浇水，青稞灌浆期所需水分主要靠降水来弥补。

3.3.2.10 储藏

牧草收割以后，在田间摊开暴晒，待水分降至 30% 时，将牧草堆成高约 1 m 的小堆，保持蓬松，任其风干，约 1~3 周即可。将晒制好的干草合理贮藏，如搭棚堆藏，或露天堆垛。

3.3.3 实施效果

3.3.3.1 不同播量和行距对青稞产量的影响

（1）试验地点

色尼区那玛切乡。

（2）收获时期

抽穗期、拔节期。

（3）试验方法

播量设 4 个水平 9 kg/ 亩、12 kg/ 亩、15 kg/ 亩和 18 kg/ 亩，行距设 3 个水平 15 cm、25 cm、35 cm，共 12 个处理，3 次重复。小区面积 3 m × 4 m。共计 36 个小区。

（4）试验结果

在同一行距水平，青稞干草产量随播量的增加呈先增加后降低的趋势，其中行距 25cm 时，平均产量最高，达 456.7kg/ 亩。在同一播量处理中，随行距增加，青稞干草产量也呈先增加后降低的变化趋势，播种量为 15kg/ 亩时，平均产量最高，为 434.3kg/ 亩。总体看来在行距为 25cm、播量为 15kg/ 亩，青稞干草产量最高，为 528.6kg/ 亩（表 3-2 和图 3-6）。

表 3-2　不同行距、播种量对房前屋后青稞产量的影响

行距（cm）	播量（kg/亩）				平均值
	9	12	15	18	
15	322.9	388.2	389.1	370.9	367.8
25	358.6	489.0	528.6	450.7	456.7
35	297.0	315.6	385.2	368.4	341.6
平均值	326.2	397.6	434.3	396.7	

图 3-6　庭院种草效果

3.3.3.2　不同播期对青稞产量的影响

（1）试验地点

色尼区那玛切乡。

（2）收获时期

抽穗期、拔节期。

（3）试验方法

播种期设计4个处理，分别为5月12日、5月22日、6月2日和6月12日，3次重复，共12个小区。小区面积3m×4m。

（4）试验结果

研究结果显示，在藏北高原，5月22日播种青稞，其产量最高，为498.8 kg/亩（表3-3）；其他3个时期产量均不理想，5月初藏北高原还未完全解冻，而6月以后播种会影响牧草的生长周期。因此，5月下旬为藏北高原房前屋后种植青稞的最佳时期。

表3-3　播种时间对青稞产量的影响

播种时间	5/12	5/22	6/2	6/12
产量（kg/亩）	331.3	498.8	345.9	253.6

4

藏北高寒牧区饲草储藏与加工技术

　　草地畜牧业是藏北高原的主导产业，在社会经济发展中具有不可替代的作用。藏北高原拥有丰富的草地资源，但该地区气候寒冷、干燥、热量不足、土壤贫瘠，导致牧草低矮，生长期短，生产力水平极低，难以为牦牛等食草动物提供充足的饲草资源。同时，近年来气候变化和不合理的草地管理方式导致草地大面积退化、沙化，草地生产力水平显著降低。因此，依赖天然草地已不能满足草地畜牧业发展的需求，牲畜依然摆脱不了"夏肥、秋壮、冬瘦、春乏"的恶性循环，饲草缺乏已成为藏北高原畜牧业发展的瓶颈。尽管地方政府部门积极引导和扶持当地开展人工种草、棚圈及温室种草，在一定程度上能够弥补短期饲草不足的困境，但不能从根本上解决草地畜牧业发展的根本问题。

　　在藏北高原，牲畜的营养主要来源于牧草，牲畜的营养代谢及健康状况与牧草的营养价值显著相关。牲畜在生长发育过程中需摄入一定的维生素和矿物元素，只有在饲草中加入特定的营养成分，才能保证牲畜的饲草及营养需求。因此，对天然牧草和人工牧草进行深加工在藏北高原畜牧业发展中显得尤为重要。只有通过牧草加工，增加饲料品质才能从根本上解决藏北高原冷季饲草短缺的问题和满足牲畜营养物质需求，从而解决高寒草地畜牧业可持续发展的问题。目前，在藏北高寒牧区，牧草加工技术还不成熟，应用很少。牧民将牧草收割后进行简单的打捆、晾晒。这种方式极易造成霉菌的大量滋生，使牧草中的蛋白质等营养物质被大量降解，从而造成牧草的霉变及营养价值缺失。鉴于饲草短缺及加工技术落后的现状，本章介绍了牧草晾晒技术、牧草储藏技术、草块制作技术、舔砖制作技术及精饲料制作技术，以提供成本低、效率高的牧草储存与加工技术，来缓解藏北高原草畜矛盾，促进高寒草地畜牧业可持续发展。

4.1　牧草晾晒技术

目前，在牧草的加工贮藏过程中，调制加工青干草依然是农牧民首选的牧草加工方式。随着高寒草地畜牧业快速发展的需要，以及人们对动物乳、肉产品质量要求的日渐提高，畜牧业发展对牧草产品品质不断要求提升，如何利用有限的生产条件调制生产高品质青干草就成了藏北高寒牧区生产实际中的难题。在藏北高原，牧草收获时恰逢雨季，这就要求必须掌握快速、高效的青干草晾晒技术来应对天气因素对青干草生产及干草品质的影响。目前，多采用刈割后原地堆垄或堆垛晾晒，待其自然风干的方式。但这种方法耗时较长，且极易受天气因素影响，在晒制期遇连续阴雨，则会造成草样霉变或腐烂，严重影响青干草品质。如采用草架干燥法可调制出优质青干草，但其成本较高。虽然化学干燥剂的使用可有效缩短牧草干燥时间，但因藏北高寒牧区生态环境脆弱，青干草调制时化学干燥剂的使用有可能造成生态破坏、水体污染及环境污染。此外，对晾晒后的青干草贮藏过程中如果处理不当，会造成大量霉菌繁殖，使牧草中的蛋白质等营养物质被大量降解，从而导致牧草的霉变及营养价值的严重损失。霉变的牧草被家畜采食后，会导致家畜中毒，影响家畜的正常生长发育，甚至死亡，对农牧民造成严重的经济损失，阻碍畜牧业发展。基于上述背景，本技术发明了水泥地牧草晾晒技术，能有效解决高寒牧区青干草晾晒生产过程中所遇到的难题。其主要有以下几方面的优势。

①对生产条件要求低。

②简便、可操作性强，易于广泛推广应用。

③晾晒所需时间短，迅速、高效。

④牧草水分散失迅速。

⑤可有效降低牧草霉变率。

⑥可有效降低青干草调制过程中牧草营养物质的损失。

4.1.1　技术规程

①将收割后的鲜牧草运至已用混凝土铺设的开阔场地。

②将牧草平铺于水泥地面上，厚度不超过 25 cm。

③白天每隔 2h 对牧草进行上下翻倒，夜间将正在晾晒处理的牧草用塑料布铺盖，防止其吸潮，并随时关注天气情况（防雨）。

④每隔 4h 对牧草含水量进行测定。

⑤待牧草含水量降至 20% 以下时，将牧草打捆或堆垛存放，并做好防雨、防潮措施。

4.1.2　实施案例或效果

以紫花苜蓿为例，通过本技术的晾晒手段无论从水分散失情况还是从营养物质保留情况来看，水泥地平铺牧草效果均最佳。水泥地在吸收强太阳辐射热量时升温迅速，使得牧草水分的蒸发迅速、强烈，牧草易在短时间内晒干，可以避免霉菌的繁殖，使牧草营养物质损失减小。

表 4-1 列出了不同晾晒处理对紫花苜蓿营养物质含量的影响。结果显示，粗蛋白、粗脂肪含量在未处理鲜草中最高、在水泥地平铺处理下次之；粗纤维含量在水泥地堆放处理下最高，泥地平铺和草架处理下次之。总体来看，水泥地平铺处理下牧草养分含量较高，可以视为是一种经济、高效的牧草晾晒方法。

表 4-1　不同晾晒处理对紫花苜蓿营养物质含量的影响

项目	粗蛋白（%）	粗脂肪（%）	粗纤维（%）	灰分（%）	无氮浸出物（%）
未处理	18.8	8.0	34.9	7.9	30.4
草架	16.5	3.2	43.0	7.0	30.3
晾棚	16.2	2.9	38.2	7.0	35.6
平铺 + 泥地	15.0	2.4	43.5	7.6	31.5
平铺 + 水泥地	17.4	3.2	37.5	8.3	33.5
平铺小堆 + 泥地	16.2	2.1	41.7	9.6	30.4
平铺小堆 + 水泥地	14.7	2.4	44.4	7.4	31.1

4.2　牧草储藏技术

对牧草进行晾晒可以使牧草水分迅速散失、降低牧草霉变率及降低青干草调制过程中牧草营养物质的损失。但如何对晾晒后的青干草进行储藏成为牧区畜牧业发展的一大难题。因此，还需要对晾晒后的牧草进行储藏管理，本技术是一种能够有效减少青干草在贮藏过程中霉变及营养物质损失的牧草储藏手段。其主要有以下几方面的优势。

①简便、可操作性强，易于广泛推广应用。

②可有效降低青干草在贮藏过程中的霉变。

③可有效降低青干草在贮藏过程中的营养损失。

④可有效提高青干草的粗蛋白含量，并降低其木质素含量。

⑤可有效提高青干草的干物质消化率。

4.2.1 技术规程

①将收获的牧草进行晾晒使其水分含量在 20% 以下。

②称取牧草重量 4% 的尿素。

③将晾晒过后的牧草和尿素用饲料搅拌混合机搅拌混合均匀。

④将混合均匀的青干草用打捆机打捆，至于干燥避雨处贮藏（图 4-1，图 4-2）。

图 4-1　牧草打捆

图 4-2　牧草贮藏

4.2.2 实施效果

对晾晒后的紫花苜蓿添加4%尿素，可有效减少紫花苜蓿干草捆热害、霉变；并且可以降低牧草纤维素和木质素含量，提高其蛋白质含量和干物质消化率，从而提高青干草营养价值。对比实验结果显示，添加2%和4%的尿素可显著提高紫花苜蓿粗蛋白含量，增幅分别达到5.3%和11.3%；干物质消化率分别增加2.2%和4.4%（表4-2）。

表4-2　不同尿素添加对紫花苜蓿营养物质含量的影响

处理	粗蛋白（%）	酸性洗涤纤维（%）	中性洗涤纤维（%）	纤维素（%）	木质素（%）	体外干物质消化率（%）
对照组	19.9	41.3	61.4	28.1	13.1	71.2
4% 尿素组	31.2	38.0	54.3	26.0	11.3	75.6
2% 尿素组	24.6	40.2	58.9	27.3	10.3	73.4

4.3　草块制作技术

牲畜生长发育过程中需摄入一定的维生素和矿物元素，只有在饲草中加入特定的营养成分，才能保证牲畜的营养需求。因此，对天然牧草和人工牧草进行深加工在高寒草地畜牧业发展中显得尤为重要。本技术提供适合藏北高原牲畜育肥的全混合型草块制作方法。全混合型草块是将牲畜所需的矿物质、维生素等营养物质加入牧草中，为反刍动物提供粗纤维等营养物质，促进其生长发育。加工后的全混合型草块具有以下几个优势。

①无霉烂、无虫害、无杂质，如杂草、尘土等。

②保持青干草原有的黄绿色、适口性好，密度大、便于运输，减少贮藏空间。

③在搬运、贮藏时，不易破裂、掉碎屑。

④在加工过程中高温消毒，降低了病原微生物对畜群的危害。

⑤贮存时间长，且营养物质含量保持性好。

4.3.1 技术规程

①全混合型草块加工需要的原料主要有牧草（如燕麦、箭筈豌豆等）、玉米、

菜籽粕、糖蜜、尿素、食盐、丙酸钙及预混料等。按制作所需原料配比称取所需原料，具体详见表4-3。

表4-3　牲畜育肥专用全混合型草块原料配比

原料	用量（%）
牧草	45.0
玉米	22.0
菜籽粕	12.0
糖蜜	15.0
尿素	5.0
食盐	0.4
丙酸钙	0.1
预混料	0.5

②将按配比所需称取的牧草用揉搓机进行揉搓，并晾晒使其水分降至15%以下。

③按比例将玉米、菜籽粕粉碎（粉碎粒度≤1mm），并混匀。

④按比例将食盐、预混料、丙酸钙粉碎（中粉碎粒度≤0.5mm），并搅拌混匀。

⑤按比例取糖蜜在80~85℃温度下搅拌成糖稀，并加入所需尿素后混合均匀。

⑥将步骤②中所得揉搓后牧草和步骤③、步骤④中所得混合物，在混合搅拌机中搅拌均匀。

⑦将步骤⑤中所得糖稀和步骤⑥中所得混合物搅拌均匀。

⑧将步骤⑦中所得物混合，在YL-200 T四柱液压机中施加350 T压力，压制成型。

⑨将步骤⑧中所得草块经真空密封包装保存。

4.3.2　实施案例

本实施案例以加工制备1 000kg适合藏北高原牲畜育肥专用全混合型草块饲料为例，进行说明，制备方法步骤如下。

①将450kg燕麦干草用揉搓机揉搓，并晾晒使其水分降至15%以下。

②将220kg玉米和120kg菜籽粕粉碎（粉碎粒度≤1mm），并混匀。

③将 4kg 食盐、1kg 丙酸钙和 5kg 预混料粉碎（中粉碎粒度 ≤ 0.5mm），并搅拌混匀。

④将 150kg 糖蜜在 80~85℃温度下搅拌成糖稀，并加入 50kg 尿素后混合均匀。

⑤将步骤①中所得揉搓后牧草和步骤②、步骤③中所得混合物，至于混合搅拌机中搅拌均匀。

⑥将步骤④中所得糖稀和步骤⑤中所得混合物搅拌均匀。

⑦将步骤⑥中所得得物混合，在 YL-200 T 四柱液压机中施加 350 T 压力，压制成型，所得草块的长 30cm、宽 20cm、高 10cm、重 20kg、密度 640~840kg/m³。

⑧将步骤⑦中所得草块经真空密封包装保存。

4.4 饲用舔砖制作技术

在藏北高原，牦牛存在广泛的食土现象。食土可为牦牛提供大量的矿物元素，是牦牛获取矿物元素的重要途径之一。本技术根据牦牛生产中饲草供给和营养状况的季节性变化特点，以及牦牛摄入土壤中的矿物元素的组成和数量，设计制作适合藏北牦牛补饲育肥专用营养舔砖，尽可能平衡牦牛营养元素供给，提高其育肥效率。主要有以下特点。

①本技术选用的舔砖配方，对藏北高寒地区自然环境进行了全面调查和精确测定了牦牛的采食量。

②本技术的舔砖配方中半胱氨酸盐酸盐是 CoA 分子组成部分，消耗体内生长抑素（SS），促进牦牛生长，提高饲料转化率。

③本技术的舔砖配方中大豆磷脂粉、玉米粉、菜籽粕给牦牛的成长提供了足够的能量、蛋白，弥补了藏北育肥牦牛成长过程中能量和蛋白质摄入不足。

④本技术的舔砖配方中高添加量的维生素预混料，可解决藏北高寒牧区饲草料品种类型单一导致维生素缺乏引起的生长发育迟缓，满足了牦牛维生素的需要量。

⑤本技术所选用的配方以及在压力为 200 T 的条件下制备舔砖，可控制牦牛的舔食量。

⑥本技术生产的舔砖进行了合格检验，有效地保证了舔砖的质量，使其在潮湿的空气中不易潮解以致破裂、在干燥的环境中不易失水粉化。

⑦本技术生产的舔砖具有良好的适口性，可保证牦牛能够采食足量的矿物质。

4.4.1　技术规程

①按舔砖制作所需原料配比需要称去所需原料，并粉碎。每千克舔砖由以下原料组成：硫酸锌 0.5g，硫酸铜 0.5g，硫酸锰 0.7g，硫酸亚铁 0.8g，亚硒酸钠 22g，半肌氨酸盐酸盐 2.5g，碘化钾 0.5g，氯化钴 0.05g，硫酸镁 15g，碳酸氢钠 50g，磷酸氢钙 85g，玉米 100g，小麦麸 34g，菜籽粕 20g，大豆磷脂粉 120g，尿素 50g，食盐 200g，膨润土 110g，硅酸盐水泥 8.9g，糖蜜 100g，维生素预混料 80g。

②按比例将玉米、麸皮、菜籽粕粉碎（粉碎粒度 ≤ 1mm），采用卧式桨叶搅拌机搅拌 20~30min，并混合均匀，混合变异系数 ≤ 2%。

③按比例将硫酸锌、硫酸铜、硫酸锰、硫酸亚铁、亚硒酸钠、半胱氨酸盐酸盐、碘化钾、氯化钴、硫酸镁、碳酸氢钠、磷酸氢钙、食盐、维生素预混料混合，采用卧式桨叶搅拌机搅拌 20~30min，粉碎粒度 ≤ 0.5mm，混合变异系数 ≤ 2%。

④按比例取糖蜜在 80~85℃温度下搅拌成糖稀（拌速度大于 20r/min）。

⑤按比例取尿素、大豆磷脂粉混合。

⑥将步骤④中所得糖稀和步骤⑤中所得混合物搅拌混合均匀（搅拌速度大于 30r/min）。

⑦按比例将膨润土、硅酸盐水泥用水搅拌混匀，用水量为总物料重量的 10%~15%。

⑧将步骤②、步骤③、步骤⑥和步骤⑦中所得物混合，采用卧式桨叶搅拌机搅拌，搅拌时间为 40~50min，混合物通入成型模具中，在压力至少为 200T 的条件下，压制成型，得到高寒牧区饲用舔砖，风干后包装保存。

4.4.2　实施案例

本实施例以制备 1 000kg 适合藏北牦牛补饲育肥专用营养舔砖为例，进行说明，制备方法包括如下步骤。

①将玉米 100kg，麸皮 3kg，菜籽粕 20kg，粉碎，至粉碎粒度 ≤ 1mm，采用卧式桨叶搅拌机搅拌时间为 25min，混匀。

②硫酸锌 0.5kg，硫酸铜 0.5kg，硫酸锰 0.7kg，硫酸亚铁 0.8kg，亚硒酸钠

22kg，半胱氨酸盐酸盐2.5kg，碘化钾0.05kg，氯化钴0.05kg，硫酸镁15kg，碳酸氢钠50kg，磷酸氢钙85kg，食盐200kg，维生素预混料80kg粉碎至粉碎粒度≤0.5mm，采用卧式桨叶搅拌机搅拌时间为25min，混匀。

③取糖蜜100kg在80~85℃温度下，以大于20r/min的速度搅拌成糖稀。

④取大豆磷脂粉120kg，尿素50kg，以大于30r/min的速度搅拌均匀。

⑤将上述步骤③所得的糖稀和步骤④所得的混合物以大于30r/min的速度搅拌均匀。

⑥将膨润土110kg、硅酸盐水泥8.9kg用适量的水（总物料10%）搅拌混匀。

⑦将步骤①、步骤②、步骤⑤、步骤⑥所得物混合，混合搅拌，采用卧式桨叶搅拌机搅拌时间为45min。

⑧将步骤⑦混合物均匀后倒入成型模具中，在压力为200T条件下对混合物进行压制。

⑨成型的舔砖从成型模具中分离下来，风干、包装保存。

4.5 精料制作技术

在藏北高寒牧区，天然牧草并不能满足牦牛营养摄入需求，需要额外的养分输入来抵御低温环境，提高牦牛生产性能。而不同种群对营养摄入的要求有所不同。对母牦牛而言，其主要需求为抵御低温，提高受孕率，提高产奶量；对非种用育肥牛而言，主要是防止掉膘，保持体重；而对犊牦牛而言，应在短时间内对其进行营养持续供应，使其体重迅速增加，从而在入冬前达到出栏标准。鉴于此，本技术提供适合藏北高寒牧区不同生育阶段和不同用途牦牛精饲料生产方法，以期提高牦牛养殖效率。

4.5.1 技术规程

根据不同阶段和不同生理期牦牛营养的需求，设计出不同的精饲料配方。其中，精饲料包括能量饲料、蛋白质饲料、矿物质饲料。能量饲料主要是玉米、高粱、大麦等，约占精饲料的60%~70%。蛋白质饲料主要包括豆饼、棉籽饼、花生饼等，约占精饲料的20%~25%。矿物质饲料包括氯化钠、碳酸氢钠、微量元素、维生素添加剂，一般占精饲料量的3%~5%。母牦牛饲料、非种用牦牛育肥饲料配方和犊牛育肥饲料配方见表4-4。

表 4-4 精饲料营养成分组成

营养成分（%）	犊牛	母牦牛	非种用牦牛
玉米	50	51	72
豆粕	10	15	13
麸皮	20	12	11
菜籽粕	5	5	
青稞	9	10	
碳酸钙	2.5	2	1
磷酸氢钙	1.5	1	1
碳酸氢钠		2	
氯化钠	1	1	1
微量和微生物添加	1	1	1

4.5.2 实施案例及效果

按照表 4-4 中的配方，进行精饲料研制，设计了犊牛育肥精料补充料、母牦牛精料补充料、非种用牦牛育肥精料补充料。并在农业农村部那曲农业环境科学观测实验站开展补饲试验。

4.5.2.1 生产工艺

原料清杂、粉碎、称量、混合搅拌、定量、包装；原料（玉米和青稞）在初清、磁选后，逐一粉碎颗粒要求在 1~2mm，成单一品种粉状饲料，添加剂在小型混合机进行预先混合，将粉碎好的原料和不需要粉碎的原料（豆粕、麸皮、常量元素和预混添加剂等）按照由重到轻的添加顺序逐一添加到混合机进行均匀混合，混合时间为 2~3min，混合均匀度控制在 1∶10 万，最终混合好的精料补充料进行定量称重包装入库。

4.5.2.2 育肥效果

（1）犊牛

犊牛经过 13 个月的精料补饲后，体重达 123.9kg；日均增重 0.31kg。

（2）母牦牛

母牦牛精饲料补饲后，牦牛在泌乳期（400~430d）产奶量较传统养殖方法提高了 2.3 倍。

（3）育肥牛

育肥精饲料实现牦牛日增重 500~600g，出栏时间为 3~4 个月。

5

藏北高寒牧区牦牛养殖技术

藏北高原自古以来是藏族牧民赖以生存的放牧场,是西藏自治区的主要畜牧业生产基地,草地面积、牲畜存栏数量、畜产品产量均占全区的 1/3 以上。畜牧业占藏北国民经济收入的 80% 以上,畜牧业经济的发展在一定程度上反映了藏北经济发展的水平与状况。藏北高原家畜主要以牦牛和藏羊为主,其中牦牛集中在东部草甸区,藏羊则多在西部草原区。藏北草地畜牧业独具高原特色,牦牛乳制品和肉产品产业发展潜力巨大。

截至 2015 年年底,藏北高原各类牲畜存栏 525.47 万头(只、匹),较 1958 年增加了 117%,牲畜数量居高不下。而藏北高原草地生产力普遍较低,难以为藏北畜牧业提供足够的牧草。此外,随着天然草原承包到户,原有的游牧方式被定点放牧取代,使草地不能休养生息,草地的放牧压力进一步加大。目前,藏北高原草地生态系统处于超载过牧状态,放牧压力超过了其承载能力,系统处于不可持续的发展状态。

藏北高原气温低,全年无绝对无霜期,冬季寒冷漫长并灾害多发;牧草生长季短、植被生产力低,牧草短缺,尤其是冬季饲草缺口巨大。由于藏北草地生产力季节差异显著,牲畜呈"夏壮、秋肥、冬瘦、春乏"的季节动态变化,冬季体重减少近 30%,夏天又恢复到原有水平,且牲畜繁殖期处于冬春季饲草短缺时期,形成了低繁殖率和低幼崽成活率的特点,大大降低了其生产性能。目前,藏北高原畜牧业仍以"靠天养畜"为主,缺乏科学的养殖技术支撑,抵御灾害和风险能力较差,畜牧业生产效率低下,传统草地畜牧业亟待转型升级。因此,低温、低产、低效是制约藏北高原草地畜牧业发展的关键因素。

5.1　牦牛畜群结构调整

5.1.1　技术规程

调整畜群结构主要指品种结构中优良畜比重及品种间适龄母畜比例的提高。对于品种的结构，应尽最大努力发展优良牦牛，从而使畜牧业生产在短期内有所突破。另外，要抓紧本地牦牛的品种选育，提高生产性能，实现良种化目标。一般牦牛群体结构比例应为：适龄母牦牛占 40%~50%，后备牛占 35%~45%，种公牛占 3%~5%；种公牛与适龄母牦牛之比应该达到 1∶（13~15）。因此，品种内部结构调整的中心环节是提高适龄母牦牛的占比，这是扩大再生产的保障，也是衡量畜牧业能否增产增收的主要依据之一。从牲畜年龄调整来说，一般公牦牛 3~5 岁、母牦牛 3~4 岁体成熟，母牦牛 6~10 岁繁殖力旺盛、7 岁停止增重。公牦牛到 4 岁、母牦牛到 8 岁，经济效益较高。所以适龄母牛以 4~10 岁，种公牛以 5~8 岁为宜，超龄种公牛和母牛应及早淘汰育肥出栏。

在尽短的时间内调整草场实有的载畜能力和现有家畜数量及畜群组合等情况，然后做出畜群结构调整规划。

①根据牲畜生理机能，生产性能和经济效益，有计划地淘汰老弱畜，合理调整畜群结构，减轻和缓解草场载畜量。

②增加畜群中的适龄母畜数，力争在最近几年内使畜群中适龄母畜比例较为合理。

③开展牦牛本地品种的选育研究的同时，在有条件的地方应利用种间杂交的优势，积极、大力发展杂交改良牦牛。

④宏观调控、统筹安排、科学组群。

⑤大力发展草场基本建设，做好抓膘、贮草、防疫等，改善饲养管理，不断提高畜群的生产能力及经济效益。

5.1.2　实施案例

那曲市科技扶贫园区、聂荣县色庆乡 28 村和县牧场。

5.1.2.1　畜群结构现状

项目区位于西藏自治区北部、唐古拉山南麓，海拔高、气候寒冷多变，畜牧业饲养管理粗放、原始，仅以原始牦牛品种繁衍维系藏民族生活，畜群的结构严重不合理，主要体现在：一是牦牛数量急剧增加，超过了草场的载畜能力；二是牦牛选种选配技术手段较落后，饲养管理传统，品种退化严重；三是牦牛年龄和公母比例严重失调，生产性能低，严重制约整个项目区畜牧业经济的发展。由于牦牛畜群结构的不合理，加之畜群中适龄母畜比例较低，老龄母畜又较多，品质差，畜群生产性能低下，周转缓慢。另外，犊牦牛在越冬时，应饲草料供求不足、营养不良、气候恶劣、严寒，死亡率较高；同时，受传统思想观念的制约，出栏率和商品率也极低，影响畜牧业发展。

5.1.2.2 制订畜群结构调整方案

根据当地畜群结构现状，在牦牛存栏总数保持不变的情况下，按照出栏多少，补充多少的原则，采取公母调换的方式，即出栏一头非生产公畜，购买一头能繁母牛，进行结构调整和优化，加大无利用价值等公牛和母牛出栏力度，增加能繁母牛的比例，积极培育后备母牛。

5.1.2.3 畜群结构调整结果

在那曲市科技园区，在现有牦牛的基础上，通过项目采购引进基础牦母牛189头、种公牛10头；通过3家合作社入股引进基础母牛150头，引进种公牛2头。项目实施后牦牛结构中母牦牛达到305头，犊牛200头，其中公犊89头开展了牦牛直线育肥，9头公牛留种，淘汰育肥出栏日均产奶量低于1 kg以上的成母牛30头，90头母犊直接列入后备生产畜。调整后的牦牛群结构为5~6岁的基础成母牛305头、4~5岁的种公牛12头、12月龄内的母犊牛90头、12月龄内的留种后备公犊牛9头。

在聂荣县，现有的基础上通过项目经费购置牦牛总头数为145头（母138头，公7头），经选种和育肥淘汰牦牛总头数为441头（公281头、母160头），其中育肥出栏公牦牛资金全部用来兑换母牦牛，即为281头（县牧场为129头，色庆乡28村为152头）。其实施点能繁牦牛公母比例有所改善，县牧场能繁牦牛公母比例从1∶6.33调整到1∶11.93；色庆乡28村从1∶5.60调整到1∶12.89（表5-1）。

表 5-1　项目区牦牛畜群结构调整情况统计

实施点		牦牛结构比例（种公牛：能繁母牛）	牦牛头数		种公牛	能繁母牦牛	购置牦牛		育肥头数	
			公	母			公	母	公	母
园区	调整前	1：28.3	101	339	12	339				
	调整后	1：22.6	22	498	22	498	10	189	89	30
县牧场	调整前	1：6.33	170	478	43	272				
	调整后	1：11.93	48	592	27	322	7	68	129	83
色庆乡	调整前	1：5.60	221	607	52	291				
	调整后	1：12.89	69	752	26	335	0	70	152	77

5.2　适度放牧技术

　　藏北地区是我国重要的畜牧业生产基地，草地面积、牲畜存栏数量、畜产品产量均占西藏自治区的 1/3 以上。该地区也是江河源区、气候变化敏感区，是我国重要的生态安全屏障。藏北地区拥有草地面积 6.3 亿亩（占全地区面积的 94% 以上），其中可利用面积 4.69 亿亩。畜牧业占那曲市整个国民经济收入的 80% 以上，畜牧业经济的发展在一定程度上反映了那曲农牧区经济发展的水平与状况。

　　近年来，由于自然和人为因素的双重影响，导致藏北草地大范围严重退化，产量下降，已成为社会、经济、生态可持续发展的巨大障碍。那曲地市草地退化总面积约占草地总面积的 40%。藏北草地退化无疑是过牧超载、乱采滥挖等人类活动因素和气候异常、自然灾害频繁等因素共同作用的结果，其中过牧超载是藏北高寒草地退化的主要原因之一。理论载畜量是特定时期内一定面积的草地能够放牧的家畜数量的理论值。当放牧率超过理论载畜量时，放牧系统的草畜"供求平衡"关系被破坏，草地资源出现退化现象，这就是超载过牧导致的严重后果。因此，采取适合高寒牧区的合理放牧方式，明确藏北高寒草地合理载畜量，是保护和恢复退化草地的重要方法，也是发展高寒草地畜牧业的重要途径。

　　藏北地区生态环境脆弱、区域环境特殊、草地面积较大、草地退化情况复杂，农业部提出的草地载畜量标准不能完全适用于该地区。合理保护和利用高寒草地，实现保护与利用并重是藏北草地面临的首要问题。

　　针对气候变化加剧和超载过牧引起的草地退化严重的问题，采用禁牧、休牧和轮牧相结合的方法，可以在恢复和保护高寒草地的同时充分利用草地资源，达到生产—生态的平衡，促进草地畜牧业健康可持续发展。

5.2.1 技术规程

5.2.1.1 高寒草地放牧强度

根据国家有关部门以及西藏自治区和那曲市草地理论载畜量标准，那曲市草地理论载畜量约为 1 164 万只绵羊单位，30 多年来（1973—2003 年），那曲市的牲畜存栏量保持在 1 225 万~1 485 万只绵羊单位左右，一直在超载过牧。但这一理论载畜量是以草地类型或行政单位制定的理论载畜量标准，过于单一和笼统，不便于灵活使用，也不能满足草地退化和气候变化情况下调整具体某一片草地载畜量的需求。因此，调查不同放牧强度条件下植物生产力、物种多样性、牲畜采食量等一系列指标，最终确定藏北退化高寒草地合理载畜量为 3.6 只羊单位/hm^2。超过该放牧强度藏北高寒草地物种多样性和牲畜采食量均大幅降低，不利于高寒草地放牧系统的稳定。

5.2.1.2 草场划分

藏北高寒草地存在较高的空间异质性，加之草地退化程度不一，造成草地间生长状况差异较大。因此，根据草地退化恢复状况以及不同草地类型将草场划分为冬春季牧场和夏秋季牧场。夏秋季牧场主要设置在以高山嵩草和紫花针茅为建群种的草地，而冬春季牧场则设置在以藏嵩草、青藏苔草为主的草地。夏秋季放牧时间为 6 月初至 10 月底（5 个月），冬春季放牧时间为 11 月至翌年 5 月（7 个月）。

5.2.1.3 区划轮牧方法

植被在被家畜采食和践踏之后需要一定的时间恢复到原有的状态。植被受放牧干扰的影响大小可以用抵抗力表示，而放牧干扰后恢复到原有状态的能力用恢复力表示。高寒草地抵抗力和恢复力均较弱，极易受到外界因子的干扰。因此持续高强度的放牧不利于高寒草地生态系统的稳定，也是高寒草地退化的主要原因。为了避免持续性放牧对高寒草地的影响，将夏季牧场进一步分成 3 部分，进行区划轮牧，轮牧周期为 10d，即在 5 个月的放牧季（6 月至 10 月），同一块地每月放牧 10d，休牧 20d；每天放牧时间为 7：00—19：00。在每个放牧周期结束后将牲畜赶往下一处放牧地，让已放牧的地块得到充分的休整，有利于草地植被在被家畜啃食和践踏之后逐步恢复。

5.2.2 案例分析

实施案例：下面以具体要求的实施案例来说明此方法的具体实施方式。该案例实施区位于西藏自治区那曲地区那曲县，平均海拔高度 4 600m。

根据划分的牧场类别，冬春季时在冬春季牧场放牧，设置非禁牧草地进行对照，并均设置不同的放牧强度，供试动物为藏系绵羊，体重约 40kg。所设定的放牧样地总面积为 32hm²，放牧小区面积为 1.67hm²，用网围栏分隔，在不同的禁牧年限及非禁牧对照区分别放牧 0 只、4 只、6 只、10 只体重接近 40kg 的藏系绵羊，即试验按放牧强度设置的载畜率分别为：对照区（0）、轻度放牧区（2.4 只羊 /hm²）、中度放牧区（3.6 只羊 /hm²）、重度放牧区（6.0 只 /hm²）4 个处理，每天 9：00 开始放牧，19：00 归牧。6—10 月，将已有的围封基础上将夏季牧场用围栏分成三部分，进行区划轮牧；轮牧周期为 10 天，即在 5 个月的放牧季（6—10 月），同一块地每月放牧 10d，休牧 20d；每天放牧时间为 7：00 — 19：00；在每个放牧周期结束后将其围封禁牧，并将牲畜赶往下一处放牧地。在整个放牧期间，每月对每个小区内的牧草生产力和牲畜采食量进行调查。具体方法是在每个试验小区内随机选取 6 个面积为 0.5m × 0.5m 的样方，先记录每个样方内各个物种的高度、盖度和密度，然后齐地面分种收集地上生物量，带回实验室称鲜重，而后再置于 105℃烘箱中杀青 0.5h，以 70℃恒温烘干至恒重，称干重。同时，每个放牧小区均放置 1 个铁笼（面积 2m × 2m，高度 1m）计算绵羊采食量。经过 3 年的放牧对比试验，其结果表明随着放牧强度的增加，高寒草地生产力显著降低，最低降幅出现在重牧条件下，达到 34.7%。中牧条件下高寒草地物种多样性最高，5 年中较对照最高增加 81.2%。从采食量来看，轻牧条件下家畜可以采食更多的牧草，而由于重度放牧时家畜践踏作用增强，很多牧草被"浪费"，表现出采食率较高的假象。综合以上结果，在藏北高寒草地，中度放牧条件下草地物种丰富度和物种多样性最高，而在轻度放牧条件下家畜采食量最高，草地利用率也相对较高。因此，在区划轮牧条件下，藏北高寒草地放牧强度应严格控制在中等强度（3.6 只羊 /hm²）以下。

5.2.3　实施效果

5.2.3.1　放牧对高寒草地生产力的影响

放牧对草地现存量和地上净初级生产力（ANPP）均有显著的影响，除 2006 年外，现存量和 ANPP 在对照条件下显著高于放牧处理（$P<0.05$，图 5-1）。现存量和 ANPP 最大降幅出现在重牧处理中，分别较无放牧处理降低了 47.9% 和 34.7%（$P<0.05$）。

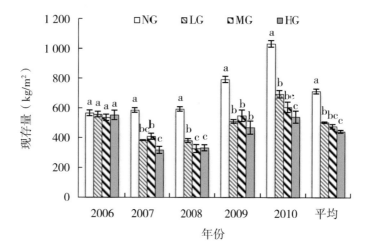

图 5-1 不同放牧强度下草地现存量和地上净初级生产力年际变化

注: NG 为对照禁牧, LG 为轻牧 (放牧强度 2.4 只 /hm²), MG 为中牧 (放牧强度 3.6 只 /hm²), HG 为重牧 (放牧强度 6.0 只 /hm²); 不同小写字母代表相同年份不同处理间差异显著

5.2.3.2 放牧对高寒草原物种多样性的影响

2008 年和 2010 年, 在放牧条件下, Shannon-Wiener 指数和 Pielou 指数的变化趋势较为一致, 其大小顺序为 MG > LG > HG > NG (图 5-2)。其中, 中

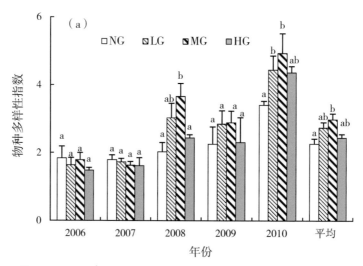

图 5-2 不同放牧强度下物种多样性指数和均匀度指数年际变化

注: NG 为对照禁牧, LG 为轻牧 (放牧强度 2.4 只 /hm²), MG 为中牧 (放牧强度 3.6 只 /hm²), HG 为重牧 (放牧强度 6.0 只 /hm²); 不同小写字母代表相同年份不同处理间差异显著

牧条件下 Shannon-Wiener 指数高于对照 81.2%（2008 年）和 45.0%（2010 年），Pielou 均匀度指数高于对照 38.2%（2008 年）。回归分析表明 Shannon-Wiener 指数（$R^2 = 0.80$，$P < 0.001$）和 Pielou 均匀度指数（$R^2 = 0.89$，$P < 0.001$）与群落中杂类草和莎草科比例显著相关。

5.2.3.3 不同放牧强度下草畜平衡性分析

图 5-3 为 2010 年整个生长季草地现存量与其对应时间的藏系绵羊采食量变化图。从该图可以看出不同放牧强度下草地利用率均在九月下旬出现最大值，其中重度放牧处理的草地现存量为 338.0 kg/hm²，采食量为 315.6 kg/hm²，草地利用率达到了最高值 48.3%，并且为各放牧强度中最高草地利用率。从表面上看草地利用率较低，草地剩余量较多，但与对照相比放牧导致现存量大幅度下降，并且草地地上净初级生产力也明显降低。导致看似剩余量较多的原因可能是由于藏系绵羊的踩踏、粪便导致绵羊不食，以及由于绵羊的采食，可食性牧草比例降低，适口性差的物种比例升高等。

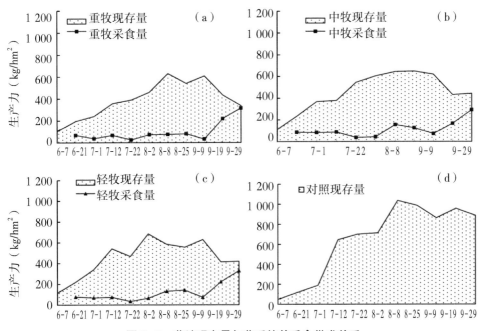

图 5-3 草地现存量与藏系绵羊采食供求关系

5.3 牦牛放牧育肥技术

5.3.1 小麦补饲技术

在牦牛的养殖中，适当的补饲精料、干草、舔砖、玉米等饲草料，能有效提高牦牛的生产效率，特别是补饲玉米具有较好的效果。但近年来，随着玉米等饲草料价格的持续上涨，导致养殖成本不断增加，严重影响牦牛补饲育肥技术的推广示范。西藏年产小麦 24 万 t，但因其品质较差，主要用于饲料。小麦较其他饲料价格低廉，其营养价值和玉米相比，粗蛋白质、钙、磷含量均高，但代谢能和饲料利用率较低（表 5-2）。关于小麦替换部分玉米的研究在猪、鸡和奶牛上应用比较多，有关牦牛日粮中添加小麦的报道比较少。本技术实现了小麦在牦牛补饲育肥中的合理、高效应用。本技术特点如下。

①能够有效地降低牦牛补饲育肥成本。

②经济效益高。

③能充分利用当地饲料资源。

④能缓解草场的压力。

⑤可操作性强，易于广泛推广应用。

表 5-2　小麦、玉米常规营养成分的比较

指标	玉米	小麦
猪消化能（MJ/kg）	14.17	14.17
鸡代谢能（MJ/kg）	13.46	12.71
肉牛维持净能（MJ/kg）	9.15	8.74
肉牛增重净能（MJ/kg）	6.98	6.48
粗蛋白（%）	7.80	13.90
粗脂肪（%）	3.50	1.70
亚油酸（%）	2.20	0.59
钙（%）	0.02	0.17
总磷（%）	0.27	0.41
非植酸磷（%）	0.12	0.13

5.3.1.1 技术步骤

①对补饲育肥牦牛进行编号登记并进行统一驱虫。

②补饲育肥牦牛晚上归牧后（18:30）统一进行补饲玉米 1kg/d 和小麦 1kg/d。

③补饲育肥牦牛全天保证充足饮水，晚间注意防风保暖。

5.3.1.2 示范结果

研究发现，与对照组相比，补饲显著提高牦牛生产性能。在不同配料补饲中，100% 玉米补饲牦牛增重最明显，其次为 50% 玉米 +50% 小麦补饲，而 100% 小麦补饲牦牛增重仅为 100% 玉米补饲牦牛的一半（表 5-3）。在增收方面，100% 玉米补饲增收 2 795 元 / 头，50% 玉米 +50% 小麦补饲增收 2 690.7 元 / 头，100% 小麦补饲增收用 953.9 元 / 头（表 5-4）。结合玉米和小麦的成本，发现 50% 的小麦替代玉米进行牦牛补饲，其对牦牛生长性能提升和牧民经济收入提高均有良好的效果。用价格低廉的小麦替代高价玉米补饲牦牛是可行的，其能够有效地降低饲养成本，缓解草场的压力，可操作性强，易于广泛推广应用（图 5-5）。

表 5-3　不同比例小麦替代玉米补饲对牦牛生长性能的影响

指标	对照组	玉米组	50 % 小麦组	75 % 小麦组	小麦组
初始重（kg）	158.64 ± 6.21	167.58 ± 8.62	169.35 ± 5.98	171.33 ± 7.44	153.52 ± 9.08
末重（kg）	176.81 ± 7.37	243.51 ± 6.27	240.29 ± 7.68	229.10 ± 4.60	204.42 ± 6.78
增重（kg）	18.17 ± 5.16[D]	75.93 ± 7.37[A]	70.94 ± 8.55[A]	57.77 ± 8.03[B]	50.90 ± 6.04[C]
平均日增重（g）	100.95[E]	421.83[A]	394.11[B]	320.94[C]	282.78[D]

注：同行间大写字母不同表示差异极显著（$P < 0.01$），同行间小写字母不同表示差异显著（$P < 0.05$）

表 5-4　不同比例小麦替代玉米补饲牦牛经济效益分析

指标	对照组	玉米组	50% 小麦组	75% 小麦组	小麦组
总投入（元 / 头）	0	540.0	483.3	455.0	426.6
出售价（元 / 头）	8 840.5	11 095.5	12 014.5	11 455.0	10 221.0
净增收（元 / 头）	8 840.5	11 635.5	11 531.2	11 000.1	9 794.4
补饲增收（元 / 头）	—	2 795.0	2 690.7	2 159.6	953.9

5.3.2　夏季牦牛育肥

西藏草地载畜量和畜产品都位列五大牧区最末，其主要原因在于天然草地产草量很低，冷、暖季牧场分布不均衡、牧草营养价值及家畜营养摄入量的动态变化、载畜力不协调。其中，草地牧草营养价值的动态变化是制约西藏草地畜牧业生产水平提高的主要限制因子。传统的游牧民逐水而居的饲养方式，每年 10 月初逐步从夏季牧场游牧到冬季牧场，而此时的冬季牧场草地基本枯黄，牧草品质差，资源浪费严重。充分利用牧草生长周期、牧草生长优势和牧草中季节性营养物质供给，补充营养缺乏的复合矿物质预混料是弥补营养缺乏，满足生长所需营养最行之有效的措施之一。从肥育方式上讲，本技术特点如下。

①投入最低，经济效益高。

②能充分利用草地资源，减少资源浪费。

③集中养殖，利用产业化发展。

④出栏后，围栏草地还有 30~40d 生长期，不影响冬季利用，减轻冬季草场压力。

⑤可操作性强，易于广泛推广应用。

5.3.2.1　技术步骤

①对补饲育肥牦牛进行编号登记、驱虫、称重并进入围栏牧场。

②育肥时间 6 月中旬至 9 月中旬，整个育肥期不归牧，24 h 在围栏牧场。

③补饲课题研制的矿物质舔砖，其舔食量为 160~180 g/d，相当于 1.8% 的预混料。舔砖悬挂在网围栏上或安装舔块装置，任其自由舔食。

5.3.2.2　示范结果

西藏草地面积 13.2 亿亩，其中冬春季草地面积 2 亿多，但受海拔、气候等自然因素的制约，牧草生长期仅 120d 左右，且牧草生长受季节影响明显，夏季牧草利用有余，冬季处于亏空状态。在放牧条件下，充分利用冬用围栏草地开展牦牛短期放牧肥育，可有效利用草地资源，提高利用效率。7—9 月当雄县天然牧草的营养含量能够满足育肥牦牛能量和蛋白质的需要，是放牧家畜抓膘、育肥的最佳时期。通过 90d 的围栏内放牧育肥，牦牛体重较对照组显著升高，试验组牦牛日增重达到 400g/d，显著高于对照组的 255g/d（表 5-5），每头牦牛增收达到 390 元（表 5-6）。由此可见，夏季围栏草地内放牧肥育是一种低成本的育肥方法，成本低效益好，且简单易行（图 5-4）。

表 5-5　放牧育肥后牦牛增重效果

组别	项目	育肥天数（d）				增重
		0	30	60	90	
对照组	体重（kg）	142	148	156	165	23
	日增重（g/d）	—	200	266	300	255
试验组	体重（kg）	154	163	175	190	36
	日增重（g/d）	—	300	400	500	400

表 5-6　放牧育肥经济效益

组别	总增重（kg）	增重价值（元）	增收（元）
对照组	23	690	
试验组	36	1 080	390

注：牦牛价按活重 30 元 /kg 计算

图 5-4　牦牛育肥

图 5-5　牦牛补饲

5.4　牦牛棚圈设计与建设

5.4.1　技术方法

　　棚圈建设场地要求地形整齐开阔，地势较高、干燥、平坦或有缓坡，背风向阳，坡度不宜超过 20°。那曲市一般选用封闭式棚圈，采用采光板盖顶、砖混结构，牛群排列方式用双列式和单列式，分暖棚和运动场。设计标准化养殖场时应按生产类型划分主要包括泌乳棚圈、犊牛棚圈、育成牛棚圈、后备牛棚圈、育肥牛棚圈、种公牛棚圈等。牛床应有一定的坡度，有一定厚度的垫料，沙土、锯末或碎秸秆可作为垫料，也可使用橡胶垫层。泌乳牛的牛床面积（1.65~1.85）m ×

（1.10~1.20）m，育肥牛的牛床面积（1.80~2.00）m × （1.20~1.25）m，青年母牛的牛床面积（1.50~1.60）m × 1.10 m，育成牛占地面积 1.5~1.8m²，犊牛的占地面积 1m²，种公牛单栏饲养牛床面积（2~2.5）m × （1.2~1.5）m。

5.4.1.1 泌乳牛舍

泌乳牛舍为东西走向，长度为 70.50m，跨度为 16.20m，高 3.20m。采用双列式布局，在舍中央设一条纵向饲喂通道，宽 5.60m，南侧和北侧与舍外暖棚运动场相连。清粪均采用清粪铲车，排水的主要部分是粪便及尿等污水，由于清粪工艺为干清式，水量较小，故不设排污系统。

5.4.1.2 育肥牛舍

育肥牛舍为东西走向，长度为 50.20 m，跨度为 5.10 m，高 3.20 m。采用单列式布局，在舍南侧设一条纵向饲喂通道，宽 1.50 m，南侧与舍外暖棚运动场相连。清粪均采用清粪铲车，排水的主要部分是粪便及尿等污水，由于清粪工艺为干清式，水量较小，故不设排污系统（图 5-6）。

图 5-6　育肥牛舍

5.4.1.3 犊牛舍

犊牛舍为东西走向，长度为 30.20 m，跨度为 5.10 m，高 3.20 m。采用单列式布局，在舍北侧设一条纵向饲喂通道，宽 1.50 m，南侧与舍外暖棚运动场相连。清粪均采用清粪铲车，排水的主要部分是粪便及尿等污水，由于清粪工艺为干清式，水量较小，故不设排污系统。

5.4.2 实施效果

在那曲市扶贫科技示范园区建设泌乳牛棚圈、育肥牛棚圈、犊牛棚圈。发现牦牛棚圈具有良好的保暖效果，在室外温度达到 -20℃以下时，棚内温度仍达到10℃以上（表5-7）。

表 5-7　牦牛暖棚冬季保暖效果　　　　　　（单位：℃）

暖棚类型	地点	11月	12月	1月	2月	3月	4月
泌乳牛舍	棚内温度	13	12	9	5	6	10
	室外温度	-14	-20	-21	-18	-14	-9
育肥牛舍	棚内温度	15	13	10	7	6	11
	室外温度	-15	-19	-22	-19	-13	-8
犊牛舍	棚内温度	9	7	5	4	2	5
	室外温度	-14	-20	-21	-19	-14	-7

5.5　牦牛冬季半舍饲育肥技术

5.5.1　技术方法

5.5.1.1　饲草

根据高寒牧区自然生态条件，在春季利用房前屋后和畜圈，采取冬圈夏草的模式，推广种植燕麦、披肩草等牧草，并经加工成草粉或打捆，并按育肥计划和育肥牛只的多少，进行储备好饲草，数量要充足，质量要好。

5.5.1.2　舔砖饲料

牦牛半舍饲育肥采用微量元素舔砖饲料，其主要成分为：氯化钠、硫酸镁、碳酸氢钙、硫酸亚铁、硫酸锌、硫酸锰、硫酸铜、亚硝酸钠、碘酸钾。黏合剂选用膨润土或糊化淀粉。

5.5.1.3　精料

其主要成分为玉米、麸皮、小麦（青稞）、豆粕、油饼、酒糟、磷钙、氯化钠、预混料、碳酸氢钠、硫酸镁。

5.5.1.4　放牧草场的选择

应选择在秋季牧场、冬季牧场或过渡牧场。专门划定冷季半舍饲育肥草场，进行围栏封育，要求是牧草丰茂，草籽多盈，水源充足，离圈较近。

5.5.1.5 驱虫健胃

育肥前对牦牛进行严格的免疫接种，其中牛 O 型口蹄疫灭活疫苗按犊牛每头 2mL 肌内深层注射；牛出败氢氧化铝疫苗按每 100kg 体重以下 4mL 进行皮下或肌内注射，其他疾病根据当地现状进行补免。在正式育肥前 7 d，结合育肥区域牦牛寄生虫病发病动态，选用广谱、安全、高效、价廉的驱虫药物即金刚驱虫王（主要成分阿维菌素、丙硫咪唑等，每片含阿维菌素 5mg+ 丙硫笨咪唑300mg）按 80kg/ 片的剂量进行驱虫；驱虫药后 3d，用中药健胃散进行健胃，每日一剂，连服 3d。

5.5.2 实施效果

在聂荣县牧场和色庆乡 28 村选取 60 头牦牛进行育肥，要求健康无病、年龄、体重无组间差异，其中试验组和对照组各 30 头牦牛。对试验组牦牛进行"半舍饲 + 驱虫健胃 + 舔砖 + 精饲料补饲"模式进行补饲育肥试验，归牧后每头每天补饲配合精料 1kg，干草 1kg，供给充足饮水，自由舔食矿物质能量舔砖。对照组按传统方式饲养，全天放牧。试验分预试期和正试期。预试期 10d，正试期 90d，每 30d 早晨空腹称重。

在整个放牧育肥期内，两项目实施点试验组牦牛日增重均高于对照组。因此，实施半舍饲育肥牦牛，适当增加精料比例，提高牦牛的日增重，是完全可行的（表 5-8）。

表 5-8 半舍饲育肥牦牛增重变化

示范地	项目	始重（kg）	末重（kg）	绝对增重（kg）	相对增重（%）	日增重（g）
县牧场	试验组	249.65 ± 32.11	299.58 ± 23.65	49.93 ± 2.31	20.00 ± 0.98	554.80 ± 24.57
	对照组	246.40 ± 23.46	275.49 ± 21.21	29.09 ± 1.08	11.81 ± 0.54	323.30 ± 12.33
色庆乡28 村	试验组	217.31 ± 14.52	262.72 ± 17.46	45.41 ± 3.17	20.90 ± 1.57	504.56 ± 17.31
	对照组	195.49 ± 19.69	222.87 ± 13.76	27.38 ± 2.94	14.01 ± 2.45	304.22 ± 9.57

在整个放牧育肥期内，试验组每头牦牛平均增加活重 19.44kg，按屠宰率50% 计算，半舍饲育肥牦牛头数为 2 194 头，产鲜肉 21 325.68kg；鲜肉按市场

价 80 元 /kg，经济效益达到 170.61 万元；每头育肥牛内脏、皮张按增加产值 120 元计算，增加收入 26.33 万元，合计收入 196.94 万元，头均收入为 897.63 元；补饲成本 453.96 元 / 头算（试验期 90d 补饲精料 90kg、干草 90kg，精料 3.3 元/kg，干草 1.4 元 /kg，复合营养舔砖每天每头 80g，试验期舔砖消耗 7.2kg，按 4.3 元 /kg，计 30.96 元），头均增收 443.67 元。

5.6 母牦牛补饲保暖技术

牦牛是以我国青藏高原为起源地的原始特产家畜，由于其生长特性，素有"高原之宝"的美誉。牦牛在高寒地区具有不可替代的生态、社会、经济地位。高海拔地区天然草地产草量低，在传统放牧模式下，草场退化严重，加之受科技等综合方面的影响，对母牦牛科学饲养管理投入不够，牦牛机体能量不能及时得到补充，营养体况普遍较差，从而导致新生产的犊牛健康状况差，泌乳期母牛产奶量低。

在牦牛生长过程中，机体内营养储备长期处于负平衡状态，使得青年母牦牛在性成熟后不能发情配种，大部分当年产犊母牦牛在进入下一个繁殖周期前的一段较长时间内不能正常发情配种，从而导致牦牛的世代间隔延长，繁殖效率降低。

如何让高寒地区母牦牛吃好、吃饱以及进一步提高个体生产性能的研究已成为当前发展牦牛特色产业的核心问题。针对这一问题，研究人员尝试了一些方法以期望提高母牦牛的生产性能。例如，有报道称通过补饲可以提高母牦牛发情率，也有研究人员利用生殖激素诱导牦牛发情。但是这些方法的试验手段单一，试验时间较短。此外，不能用单一的发情率作为评价牦牛生产性能的标准，其体重、泌乳量也是重要的生产性能指标。目前，还没有成熟的技术能用以提高高寒地区母牦牛的生产性能。

5.6.1 技术规程

①在暖季引进优良种公牦牛（例如帕里牦牛，斯布牦牛）并将种公牦牛和母牦牛按照头数为 1 :（18~22）的比例放牧，提高母牦牛比重，增加畜群中受孕母牦牛的数量；同时将畜群饲养至 10 月底时，通过淘汰"老、弱、病、残"母牦牛的方式，将不能顺利过冬的母牦牛优先剔除，以免影响其他健康牦牛顺利过冬；而且通过补入新的健康能繁母牦牛，为整个畜群增加新的受孕机会。通过优

化畜群结构和品种结构，形成"提高母畜比重—加速繁殖—扩大出栏—快速周转—增加效益"的生产模式，为开展牦牛短期育肥，调整传统的牲畜出栏方式奠定基础。

②结合高寒地区的气候环境以及牦牛自身的体格参数和习性，设计建设高效日光暖棚，可大幅提高牦牛安全度春，降低牦牛在春季因御寒造成自身能量消耗，防止牦牛越冬之后体质乏弱。由于暖棚能够为牦牛的生长发育、繁殖提供适宜的环境条件，还可以使母牦牛在寒冷季节依旧发挥一定的生产性能。

③在11月至次年5月期间采用半舍饲模式饲养优化畜群，白天自然放牧，放牧时间为8：00—19：00，收牧后于暖棚中进行补饲。在母牦牛围产期进行补饲，可以持续满足牦牛生长发育的需要，减少和避免冬春季的体能消耗，挖掘发育潜力，可显著提高母牦牛的体重、产奶量和犊牛初生重，同时显著加快母牦牛体况恢复，减少牦牛冷季掉膘的现象，以实现短期育肥的目标。

④补饲饲料包括饲草、精料和舔砖，饲草补给量为1.8~2.2kg/d，精料补给量为0.9~1.1kg/d，舔砖舔食时间为30~60min；饲草包括按重量百分比计，青稞青干草45%~55%和燕麦青干草45%~55%，所述青稞青干草和所述燕麦青干草为同年6—7月种植在暖棚周围，收获后储备得到；精料配方包括按重量百分比计的玉米46%~52%、麸皮9%~10.5%、青稞8.5%~11%、豆粕8%~10.5%、油饼85%~10%、酒糟8%~9.5%、磷酸氢钙0.4%~0.55%、碳酸钙0.4%~0.55%、骨粉1.3%~2%、氯化钠0.5%~1.2%、预混料0.8%~1.2%、碳酸氢钠0.5%~1%和硫酸镁0.05%~0.12%；舔砖配方包括按重量百分比计的玉米14%~16%、麸皮8%~10%、蜜糖16%~20%、尿素7.5%~10%、胡麻饼2%~4%、菜籽粕3%~5%、水泥20%~24%、氯化钠15%~18%、膨润土3%~5%和预混料0.8%~1.2%。

⑤在入冬前，对优化畜群进行驱虫，驱虫药按照18~22mg/kg的服用量一次性饲喂，使用驱虫药3d后，用健胃散按照每头牛每天1剂的服用量进行健胃，连服2~4d。

⑥每天清理暖棚内的粪便，保持暖棚内空气湿度为30%~40%，每15d对暖棚消毒一次。保持暖棚内空气湿度优选为30%、35%或40%，最优选35%，过高的湿度容易导致患皮肤病，在30%~40%范围内比较适宜。

5.6.2 实施案例或效果

5.6.2.1 试验时间和地点

（1）试验时间

2013 年 10 月至 2015 年 6 月。

（2）实验地点

那曲市金牦牛科技示范园，海拔 4 500 m，年均降水量 432 mm。

5.6.2.2 供试牦牛

供试牦牛为项目实施点藏北高山型母牦牛，年龄在 5~10 岁，胎次 1~4 胎，供试牦牛均健康无病。母牦牛产犊后，每天测定产奶量，直至泌乳期结束（或怀犊）为止。在 250 头母牦牛中随机选择 40 头泌乳期牦牛，试验组与对照组各 20 头。

5.6.2.3 饲料与药品

采用实施案例 3 所提供的饲草、精料以及舔砖。

5.6.2.4 驱虫健胃

（1）驱虫药

金刚驱虫王，主要成分是阿维菌素、丙硫咪唑、碘醚硫铵等，可有效去除牦牛体内外的各种寄生虫。

（2）健胃药

为市售健胃散。

5.6.2.5 试验设计

试验组按照高效养殖法进行养殖；对照组同群放牧，采用传统的自然放牧方式。两组母牦牛分别于分娩后、泌乳期结束后测定试验期间的体重变化情况，并进行两组牦牛体重变化对比。同时，两组母牦牛每天挤奶两次，每天定时测定母牦牛产奶量指标，比较两组产能变化。

整个泌乳周期内，试验组母牦牛平均日产奶量为 0.90 kg，而对照组仅为 0.44 kg（图 5-7）。试验组平均日产奶量提高 0.46 kg，按每头母牦牛泌乳期 360 d 计算，头均增加产奶 167.9 kg，牦牛奶按 16 元 /kg 计算，头均增加产值 2 686.4 元。扣除补饲成本为 781.9 元 / 头（试验期，精料共 720 元；舔砖共 61.9 元），每头均增加纯利润 1 904.5 元。

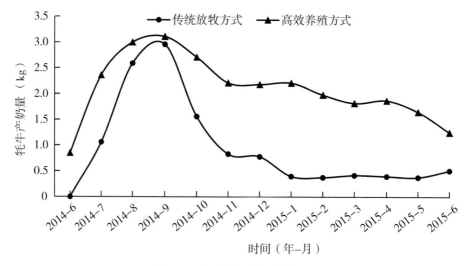

图 5-7　泌乳周期内牦牛产奶量

　　泌乳成母牛整个泌乳期结束后，不同养殖方式下体重变化情况来看，高效养殖组泌乳期母牦牛试验末体重与对照组相比提高 26.3kg，总增重与对照组相比提高 17.1kg（图 5-8）。屠宰率按 50% 计算，试验组牦牛可盈利 140.0 元 / 头，而对照组则亏损 327.6 元 / 头（表 5-9）。

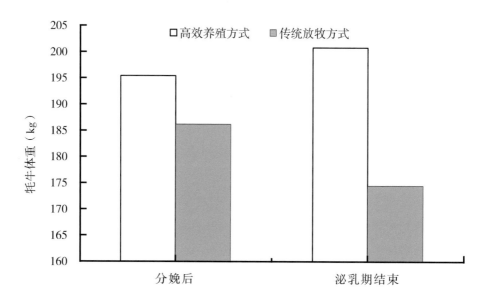

图 5-8　泌乳期结束前后牦牛体重变化

表 5-9　传统养殖与本实施案例养殖下泌乳牛体重变化及效益情况

组别	总增重（kg）	单价（元/kg）	盈利（元/头）
试验组	5.40 ± 3.72	56.0	140.00
对照组	−11.70 ± 2.35	56.0	−327.60

通过补饲保暖技术实施，牦牛群体繁殖性能显著提高。母牦牛的配种率由 78.9% 提高到 84.4%，提高了 5.5 个百分点；母牦牛的受胎率由 73.2% 提高到 80.5%，提高了 7.3 个百分点；母牦牛的保胎率由 84.6% 提高到 88.5%，提高了 3.9 个百分点；母牦牛一年一胎总数占能繁母牛数的比例由 18.5% 提高到 26.7%，提高了 8.2 个百分点。

研究证明，试验组和对照组之间母牦牛的产奶性能差异显著。因此，通过对母牦牛进行健胃驱虫和适当补饲后，可以有效提高母牦牛产奶性能。此外，冷季进行补饲可以延长母牦牛的泌乳期，同时，可以提高母牦牛的受胎率、保胎率、年产犊率及犊牛初生重（图 5-9）。

图 5-9　母牦牛育肥

6

藏北高寒牧区草地畜牧业发展模式

藏北高原畜牧业发展必须以草地生态保护为基础，基于高原自身特点，充分发挥自身优势，取长补短，发展基于家庭牧场为单位的牧草全年均衡供给模式，发展低海拔种草、高海拔养畜，农区种草、牧区养殖的区域耦合的"低草高牧模式"；在区域尺度上推广放牧、种草、买草相结合的畜牧业饲草供给模式。

6.1 家庭牧场全年供草模式

藏北高原是青藏高原的核心区，素有"世界屋脊的屋脊"和"中华水塔水源地"之称，草地面积约 6.3 亿亩，占地区面积的 95%。拥有独特的生态系统类型和物种资源，是亚洲乃至北半球气候变化的敏感区，同时是我国和多个国家的江河源，也是我国五大牧区之一。千百年来，以草地为基础的草地畜牧业是藏北农牧民的主要经济来源，也是藏北最重要的经济支柱。

由于藏北高原海拔高、气候寒冷、冬季漫长，天然草地生产力较低且生长季较短，使得冬春季饲草料严重不足，藏北高原牲畜长期处在"夏壮、秋肥、冬瘦、春乏"的严峻局面。此外，高寒牧区还存在严重的超载过牧问题，也导致了草地退化，进一步加剧了牧草短缺问题。

目前，藏北高原主要以夏季草地供给能力为基础，开展"以草定畜"政策，规划高寒牧区草地畜牧业发展战略，但是忽略了非生长季需草量，并间接导致畜群结构和规模不合理问题，影响了草地畜牧业健康可持续发展。此外，西藏高寒牧区牧户冬季饲草缺口仅靠从其他地区购买饲草为主来补充，大大增加了牧户经济压力，并造成畜牧业生产效率低下。因此，亟待开发一种藏北高原牧草全年平衡供给模式。

6.1.1 模式方案

6.1.1.1 调整畜群结构

引进优良种公牦牛，种公牦牛与母牦牛的数量比为 1：（18~22），淘汰"老、弱、病、残"牛，到同年 10 月底之前完成出栏。

6.1.1.2 沼泽草甸刈割与储藏

①将高寒牧区的沼泽草甸进行围封并且夏季休牧。

②在 8 月下旬至同年 9 月上旬进行刈割，留茬高度为 3.5~4.5 cm。

③将收割的牧草自然晾晒并储藏于阴凉处。

6.1.1.3 人工种草与储藏

①将撂荒地和棚圈、房屋周围的空闲地作为播种区域进行翻耙。

②将混合肥料按照 300~350kg/ 亩的施肥量撒入耙好的土壤中，平整土地并开沟，开沟行距为 9~11cm。

③其中，混合肥包括粪肥、过磷酸钙和尿素，质量比为（14~16）：（0.5~1）：1。

④将箭舌豌豆种子和燕麦种子以（1~2）：1 的质量比混合并按照 6~8kg/ 亩的播种量于 5 月上旬进行条播，将紫花苜蓿种子和黑麦草种子以 1：（1.5~2.5）的质量比混合并按照 2~3kg/ 亩的播种量于 6 月上旬进行条播。

⑤箭舌豌豆种子、燕麦种子、紫花苜蓿种子和黑麦草种子的播种埋深均为 2~3cm，并且均在出苗后 10~15d 补播。

⑥覆盖并平整播种后的土壤，出苗后在雨前撒播尿素。

⑦在 7 月中旬进行第一次刈割，在同年 9 月中旬进行第二次刈割，留茬高度为 3.5~4.5cm。

⑧将收割的牧草自然晾晒并储藏于阴凉处。

6.1.1.4 冷季放牧与补饲

在冷季，于 10:00—17:00 进行自由放牧，归牧后按照每头每天 2.5~3.5kg 饲草进行补饲。

6.1.2 模式优势

冬春季饲草短缺、全年饲草供给不平衡是藏北高原畜牧业发展的主要制约因素。但由于藏北高原海拔高（>4 500m）、自然条件严酷、生态脆弱，大面积人工种草具有较大的生态风险。因此，本发明通过调整畜群结构、天然牧草与人工种草相结合以及冷季放牧与补饲相结合的供草方法，使得高寒地区可实现全年饲草供给，克服高寒地区全年牧草供给不平衡的问题。

通过引入优良种公牦牛并且以 1:（18~22）的数量比提高母牦牛在畜群中的比例，增加畜群中受孕母牦牛的数量；同时将畜群饲养至 10 月底时，通过淘汰"老、弱、病、残"母牦牛的方式，将不能顺利过冬的母牦牛优先剔除，降低饲草需求量。

本模式充分利用藏北高原，尤其是东部地区沼泽草甸分布广、生产力高的特点，进行天然草地刈割与储藏。本发明充分利用沼泽草甸的天然牧草资源，并且在畜群自然放牧的暖季期间对沼泽草甸进行围封休牧，使其充分生长，为冬季饲草储存提供储备资源。

此外，本模式利用撂荒地、牲畜棚圈及牧民房屋周围的空闲地进行优质牧草人工播种，既是对荒废土地资源的再利用，同时又能够获得优质牧草，从而提高家庭牧户牧草缺口自我补给能力，有效解决全年牧草供给不均衡的问题。在刈割人工种植的牧草时，本发明根据豌豆、燕麦、苜蓿以及黑麦草不同的生育期分批播种，并且采用混播方式播种，能够提高牧草产量，同时分别在 7 月中旬和同年 9 月中旬进行刈割，在这两个时间段，牧草产量和品质均达到最高，以此获得优质的牧草。考虑到高寒地区冷季气候寒冷，天然草场可食牧草较少，本发明采用放牧加补饲的方式对畜群进行供草，保证畜群全年具有充足的饲草食用。

总体上，本模式一方面通过调整畜群结构，淘汰老弱牦牛，降低饲草需求量；另一方面采用沼泽草甸牧草刈割以及棚圈和撂荒地人工种草，提高牧草产量；并与冬季放牧和补饲相结合，形成高寒牧区饲草全年供给，大大提高饲草自我供给能力。

6.1.3 实施案例

试验地区位于西藏自治区拉萨市当雄县龙仁乡郭庆村育肥合作社，平均海拔高度 4 300m，当雄县境内平均海拔高度 4 300m，总面积 1.2 万 km²。当雄是拉萨市唯一的纯牧业县，也是拉萨市重要的肉食品供给基地之一。全县牧业总人口 6 312 户 37 616 人，全县总户数 7 442 户，总人口 40 168 人。其中郭庆村现有牧户 254 户共 1 190 人，111 户加入了郭庆村牦牛育肥合作社。合作社现有牦牛 4 500 头，公用草场 1 万亩，人工种草 1 000 亩，冬季公用牦牛棚圈现有 7 500 m²。实施时间：2012—2016 年。

6.1.3.1　调整群落结构

通过淘汰老弱病残牦牛，降低畜群数量，增加出栏率。将出栏率由 10% 以下增加到 40% 左右，减少全年饲草需求 7.5%，降低了天气灾害带来的损失。

6.1.3.2　沼泽草甸刈割与储藏

在不同时间测定了牧草养分含量，综合来看 8 月牧草养分含量（表 6-1）和生产力（表 6-2）均较高，而留茬高度在 4cm 时生物量最高（表 6-3）。因此选择 8 月底作为收割时间，留茬高度为 4cm，有利于牧草养分和收获量达到最高。通过该方案实施，共刈割沼泽草地 1 万亩，增加牧草供给 80.7%。

表 6-1　沼泽草地混合牧草营养成分的动态变化　　　　　　　　　（%）

营养成分	7 月	8 月	9 月
中性洗纤维	47.62 ± 3.48	52.72 ± 5.55	64.81 ± 4.93
酸性洗纤维	33.71 ± 2.70	40.99 ± 4.21	48.81 ± 3.14
中酸性洗涤木质素	5.24 ± 1.65	7.44 ± 0.82	9.60 ± 3.16
粗饲料体外干物质消化率	68.05 ± 3.51	57.64 ± 6.31	36.90 ± 3.76
粗蛋白含量	13.91.96 ± 3.15	12.14 ± 5.44	4.87 ± 0.73

表 6-2　不同刈割时间对高寒沼泽草地生物量的影响　　　　　　（g/m²）

时间	7 月 25 日	8 月 25 日	9 月 25 日
2013 年	315.30 ± 11.25	535.29 ± 5.22	467.18 ± 3.58
2014 年	252.25 ± 9.05	553.19 ± 4.61	422.39 ± 2.54

表 6-3　不同留茬高度对高寒沼泽草地生物量的影响　　　　　　（g/m²）

时间	2cm	4cm	6cm
2013 年	324.31 ± 6.24	527.41 ± 2.08	312.64 ± 4.12
2014 年	241.17 ± 2.34	548.25 ± 6.04	215.0 ± 3.58

6.1.3.3　棚圈和撂荒地人工种草与储藏

牧户棚圈及撂荒地人工种草可获得 2.7~4.6kg/m² 的产草量。生产水平高的牧户生产的人工牧草每公顷能供采食量为 3kg 干草的牦牛 3 头采食 100d。通过该方案实施，完成棚圈及撂荒地种草 1 000 亩，增加牧草供给 37.5%。

6.1.3.4　冬季放牧与补饲

经过上述方法增加牧草供给，并储存牧草用于冬季补饲。通过该技术实施，补饲牦牛 4 500 头，减少掉膘 20~30kg/ 头，死亡率降低 6%。

6.1.3.5 实施效果

通过本发明的供草方法，显著增加了高寒牧区家庭牧场饲草自我供给能力，饲草自我供给由 40.7% 增加到项目实施后的 95.0%，只需 5% 的饲草由外部购买来补充即可。具体效果见表 6-4 和表 6-5。

表 6-4　项目实施前后高寒牧区家庭牧场饲草供给结构对比　　　　　　　（kg）

户型	天然草地刈割产量	棚圈种草产量	畜群调整减少需草量	饲草缺口	合计全年总需饲料
实施前	53 821	33 731	0	127 246	214 798
实施后	124 504	64 170	16 120	10 004	198 678

表 6-5　项目实施前后高寒牧区家庭牧场不同来源饲草供给比例对比　　　　（%）

户型	天然草地刈割	棚圈种草	购买饲草	饲草缺口
实施前	25.0	15.7	17.2	42.1
实施后	62.7	32.3	5.0	0

6.2 "低草高牧" 模式

藏北高原位于我国西藏北部，地处青藏高原核心区，平均海拔 4 500m 以上，是我国及亚洲大陆的生态安全屏障和水资源战略保障基地之一。长期以来，草地畜牧业是藏北高原发展国民经济的主体产业，占其整个国民经济收入的 80% 以上，也是广大藏族牧民群众赖以生存和发展的传统产业。由于藏北高原海拔高（>4 500m）、气候寒冷、冬季漫长，天然草地生产力较低且生长季较短（5—9 月），使得冬春季饲草料严重不足，藏北高原牲畜长期处在 "夏壮、秋肥、冬瘦、春乏" 的严峻局面。

近年来，在气候变化大背景下，加上超载过牧等人类活动的共同作用下，藏北高原高寒草地大范围严重退化，其退化草地面积达到草地总面积的 58.2%。藏北高原草地退化及其草地初级生产力下降，加重了自然草场的载畜压力，使得藏北传统牧区冷季草畜矛盾日益严峻，而且藏北高原冷季时间长（11 月至次年 5 月），冷季草料短缺造成牦牛营养严重不足，体重大幅度下降。目前，一般采用人工种植饲草的方式来对牦牛进行冬季补饲，但是，由于藏北高原海拔高、自然条件严酷、生态脆弱，推行人工种草技术难度和成本较大，难以建设大面积人工饲草基地来解决饲草短缺问题，不能有效解决牦牛冷季饲养困难的问题。因此，在低海拔农区大面积种植牧草，用于高海拔牲畜养殖，形成高原特色的"低草高牧"模式，可以成为有效解决藏北高原牧草短缺问题的方案。充分利用西藏低海拔农区温度高、生长季长的优势，在拉萨、日喀则、山南等地建设以饲用燕麦、荞麦和青稞为主的饲草播种基地，并在山南、林芝等地建立草籽种植基地，选育优良的农区饲用草种，充分利用农区闲置撂荒地、滩涂地、盐碱地，集成农区人工饲草建植技术、为藏北高原提供优质牧草。另外，积极推动并鼓励西藏低海拔区域农牧民种植饲草，打通区域间饲草交易市场，扩大牧草供给来源的同时增加低海拔农区农民收入。通过打开区域耦合的饲草交易市场，发展加工业、物流业等二三产业，有力推动区域协调发展。

6.2.1 模式方案

6.2.1.1 草料准备

收割种植于低海拔地区的燕麦饲草，并将其晒干至含水量低于30%，然后运输至高海拔地区，装库备用。

（1）选种

选择高产、耐寒的良种，以种子颗粒饱满且无损无病为准；选用皮燕麦品种如青引2号、冀鉴001、9642-2或坝莜13号进行种植，皮燕麦主要作为饲草使用，而且它们的幼苗能够忍受 $-5℃\sim2℃$ 的低温，在 $3\,000\sim4\,000m$ 的高海拔区域内种植鲜草产量均在 $3\,000kg/$ 亩以上，具有良好的丰产性和适应性。

（2）地块选择与处理

在海拔 $3\,000\sim4\,000m$ 的高原地带选择平整地块，以 $1\,500\sim2\,000kg/$ 亩的用量撒施有机肥，然后翻耕、耙磨。

（3）播种

在4月下旬开始播种，播种前先将种子在温水中浸泡 $2\sim3h$，然后与拌种剂拌匀；播种方式为播种机点播或人工撒播，播种密度为 $50\sim60kg/$ 亩；播种后，对种植地块进行镇压处理，使种子没入土壤中。

（4）田间管理

播种完成后，以 $30\sim40kg/$ 亩的用量追施氮肥；在幼苗萌发期和青苗生长季每隔 $10\sim15d$ 浇水灌溉一次；三叶一心期追施氮磷复合肥，所述氮磷复合肥中氮的质量百分比为 50%~60%，磷的质量百分比为 40%~50%。

（5）收割

在七月中下旬对燕麦植株进行一次刈割，一次刈割时留茬 10~15cm，然后对燕麦茬喷施浓度为 1~2g/L 的磷钾复合肥；在九月中下旬对燕麦植株进行二次刈割，二次刈割时，预留 1/10 的燕麦植株保种不割。

6.2.1.2 选择牧场

在海拔 4 500m 以上的高原地带，选择长势良好的藏嵩草或青藏苔草草甸进行围封，作为牧场。

6.2.1.3 驱虫健胃

进入冷季前 7~10d，随草料给牦牛喂食驱虫药，驱虫药用量以 100kg 体重喂食 500mg 药剂为准；冷季前 3d，随饮水给牦牛喂饮健胃药，每天一剂，连服 3d。

6.2.1.4 白天放牧

进入冷季后，于 10:00 将牦牛赶至牧场放牧，17:00 归牧。

6.2.1.5 夜晚补饲

归牧 3~4h 后，按每头牦牛喂食 3 kg 食料的标准进行补饲；补饲所用食料包括精料和草料，精料与草料的质量比为 1∶（2~4），所述草料在喂食前经过枯草芽孢杆菌处理；喂食食料后，自由舔食舔砖。

6.2.2 模式优势

本模式通过调节冷季牦牛饲养方式，变冷季户外放牧为"半舍饲 + 驱虫健胃 + 舔砖 + 补饲"模式，不仅可避免牦牛冷季掉膘，而且可最大程度地保证草场牧草的持续性生长，能够有效避免水土流失等问题。

采用"低草高牧"的方式，即在低海拔地区种植饲草，然后将牧草运输至高海拔地区作为草料对牦牛进行补饲，可解决由于高海拔地区自然生态严酷、生态脆弱而不适宜进行大面积种植饲草，进而导致高寒地区饲草短缺的问题，还可减轻天然草场的放牧压力和促进退化草地自然恢复。从我国的地形分布来看，在西藏 3 000~4 000m 的低海拔地区地势相对比较平坦，该区域内温度也较为适中，适合大面积种植草本植物，草料收割后也有充足的光照将其晒干至含水量低于 30%，利于草料的冷季保藏；而且，该区域距离牦牛饲养区较近，不论是通过公路运输还是火车运输，均能在较短时间内将草料运输至高海拔地区，运输成本较低，经济效益良好。

本发明中在低海拔农区（以海拔 3 000~4 000m 的农区、半农半牧区为主）种植饲草，然后调运至高海拔地区，补饲藏北高寒牧区牲畜，构建区域耦合的"低草高牧"的发展模式，有效解决了高寒牧区饲草短缺的问题，减轻天然草地放牧压力和促进退化草地自然恢复，实现"生态置换"的目的。同时，该"低草高牧"技术模式，有效提高农牧民收入，促进西藏农区与牧区联动和精准扶贫，开辟了高原区域协同发展的新模式。

6.2.3 实施案例

本发明主要解决高海拔地区冷季牦牛饲养困难的问题，所采用的技术手段为"低草高牧"方式，即在低海拔地区种植牧草，然后调运至高海拔地区，作为草料对牦牛进行冷季补饲。但是考虑到运输成本，种植区域不能过低，否则将大幅度降低经济效益。藏北高海拔地区平均海拔在 4 500m 以上，不仅冷季草料短缺，平时种植饲草产量也较低，不能满足冷季补饲的需求。因此，将饲草种植区域适当下移，在温度较为温和以及地势相对平坦的低海拔地区进行饲草种植。

燕麦作为一种具有较高经济价值的农作物，在我国有大面积的种植。燕麦在麦类作物中是最耐寒的一种，其幼苗能够忍受 -5℃ ~-2℃ 的低温，因此适合在 3 000~4 000m 的高海拔区域内种植。现有燕麦分为皮燕麦和裸燕麦两种，皮燕麦主要用来生产饲料饲草，裸燕麦主要用来食用。本发明中选择若干皮燕麦品种，在西藏自治区农业研究所 4 号实验基地（海拔 3 500m）内对多个皮燕麦品种的鲜草产量进行了实验验证，验证过程为：在实验田内设若干小区，小区为 25 行区，其面积为 4m×5m。在不同的小区内种植不同品种的燕麦，亩播量 10 kg，并进行相同的田间管理。收获前对每个小区随机取 3m^2 进行测产，量株高并对鲜草称重。所用品种及其结果列于表 6-6。

表 6-6　不同品种皮燕麦试种结果

品种	播种时间	收割时间	亩产鲜草（kg）	平均株高（cm）
冀鉴 001	4 月下旬	7 月初至 9 月中下旬	3 200	130
冀鉴 003	4 月下旬	7 月初至 9 月中下旬	2 900	122
9642-2	4 月下旬	7 月初至 9 月中下旬	3 000	122
青引 2 号	4 月下旬	7 月初至 9 月中下旬	3 150	124
白引燕 1 号	4 月下旬	7 月初至 9 月中下旬	2 600	86

从表中可以看出，在 3 000~4 000m 的高海拔区域内，不同品种的皮燕麦鲜草产量并不相同。在播种过程中，优先选择鲜草亩产量在 3 000kg 以上的品种，即冀鉴 001、9642-2 和青引 2 号。

6.2.3.1　草料准备

在海拔为 3 000~4 000m 的区域内按照上述种植方法种植 9642-2 燕麦品种，在收割季收割燕麦饲草，并将其晒干至含水量低于 30%，然后铁路运输至高海拔地区，装库备用。

6.2.3.2　选择牧场

在海拔 4 500m 以上的高原地带，选择长势良好的藏嵩草或青藏苔草草甸进行围封，作为牧场。

6.2.3.3　驱虫健胃

进入冷季前 7d，随草料给牦牛喂食驱虫药，驱虫药用量以 100kg 体重喂食 500mg 药剂为准，为了喂食方便，将驱虫药制成重量为 500mg/ 片的片剂，该片剂中包含阿维素菌 15mg，丙硫苯咪唑 320mg；冷季前 3d，随饮水给牦牛喂饮健胃药，健胃药为中药汤剂，每天一次，连服 3d。

6.2.3.4　白天放牧

进入冷季后，于 10:00 将牦牛赶至牧场放牧，17:00 归牧；冷季从当年 11 月开始，到次年 5 月结束。

6.2.3.5　夜晚补饲

归牧 4h 后，按每头牦牛喂食 3kg 食料的标准进行补饲；补饲所用食料包括精料和草料，精料与草料的质量比为 1 : 4，精料为市售饲料，草料在喂食前先将其切成长度为 5cm 的草段，然后将草段放入浓度为 10g/L 的枯草芽孢杆菌溶液中浸泡 8min；喂食食料后，自由舔食舔砖。

6.2.3.6　结果分析

选择 80 头健康无病，年龄、体重组建内无显著差异的牦牛，将它们均分成 2 组，并进行编号，1 组为实验组，2 组为对照组。对试验组牦牛进行"半舍饲＋驱虫健胃＋舔砖＋精饲料补饲"模式进行补饲育肥试验，归牧后每头每天补饲食料 3kg，供给充足饮水，自由舔食矿物质能量舔砖和草料；对照组按传统方式饲养，全天放牧。试验分预试期和正试期。预试期 10d，正试期 90d，每 30d 早晨空腹称重（用电子秤称重）。实验结果显示，在整个饲养期内，实验组每头牦牛平均增加活重 50 kg，与对照组相比增加 20 kg（表 6-7）。

表 6-7　牦牛增重实验结果

	项目始重（kg）	末重（kg）	绝对增重（kg）	相对增重（kg）	日增重（g）
实验组	249.65 ± 32.11	299.58 ± 23.65	49.93 ± 2.31	20.00 ± 0.98	554.8 ± 24.57
对照组	247.56 ± 28.93	275.49 ± 21.21	27.93 ± 2.51	10.23 ± 2.51	310.3 ± 23.12

6.3　藏北高寒牧区 5∶3∶2 发展模式

藏北高原草地畜牧业发展应首先确保生态治理，通过退化草地围栏封育、生态补播、节水灌溉等一系列措施，对退化草地进行综合治理；通过优化放牧制度和草地管理政策，合理利用草地资源；着力打造生态产业，在严重退化草地、牲畜棚圈、牧户庭院进行高产、优质人工牧草种植；构建农牧耦合技术，在低海拔农区进行饲用牧草种植，为高海拔牧区提供饲草，形成"低草高牧"模式。建设适宜高寒牧区的牲畜棚圈，进行冬季半舍饲养殖，加强牲畜越冬能力，降低死亡率。通过上述一系列措施，形成藏北高寒牧区 5∶3∶2 发展模式，即退化草地治理和暖季区划轮牧为牲畜提供 50% 的饲草，规模化人工草地和家庭人工草地提供 30% 的饲草，农区种草、牧区养殖的"低草高牧"模式提供 20% 的牧草供给，用于冬季补饲（图 6-1）。

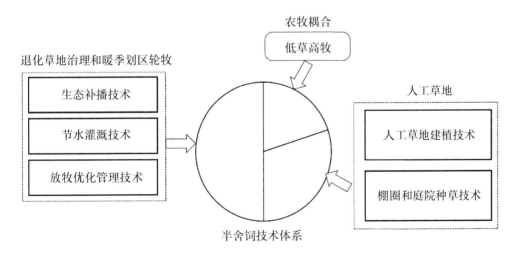

图 6-1　藏北高原畜牧业发展模式框架

　　藏北高寒草地既是我国重要的生态安全屏障，也是高原特色畜牧业生产基地，其生态功能和生产功能缺一不可。但近几十年，高寒草地退化不仅严重威胁了国家生态安全屏障作用，也对广大藏族牧民生存发展形成了挑战。因此，高寒草地生态保护与畜牧业协同发展是藏北高原的必然选择和必由之路。采取藏北高原畜牧业 5∶3∶2 发展模式，进行草地生态治理、修复退化草地，优化放牧管理方式，为畜牧业提供 50% 的饲草供给；大力发展退化草地人工牧草种植、庭院和棚圈牧草种植，补充畜牧业 30% 的饲草需求；采取农牧耦合、区域联动的发展模式，在低海拔农区种植牧草，运至高海拔牧区养畜，形成"低草高牧"模式，补充高寒牧区 20% 的饲草需求；改变"靠天养畜"的传统放牧方式，"以草定畜"控制种群数量，优化种群结构，推行"幼畜快速出栏""母畜补饲保暖"措施，形成冬季半舍饲养殖模式，促进高寒草地畜牧业转型升级，保障高寒草地生态与生产功能。

参考文献

参木友，顿珠坚参，曲广鹏，等．2017.西藏放牧绵羊冷季补饲防掉膘模式的研究 [J]. 畜牧与饲料科学，38（4）：25-26.

曹旭娟，干珠扎布，梁艳，等．2016.基于 NDVI 的藏北地区草地退化时空分布特征分析 [J]. 草业学报，25（3）：1-8.

董全民，赵新全．2007.高寒牧区生长牦牛冬季补饲策略及其效益分析 [J]. 中国草食动物，27（4）：30-32.

董世魁．2001.高寒地区多年生禾草混播草地群落稳定性及其调控机制研究 [D]. 兰州：甘肃农业大学．

段敏杰，干珠扎布，郭佳，等．2016.施肥对藏北高寒草地植物多样性及生产力的影响 [J]. 西北农业学报，25（11）：1 696-1 703.

方韵，范广洲，赖欣，等．2016.青藏高原季风强弱与北半球西风带位置变化的关系 [J]. 高原气象，35（6）：1 419-1 429.

干珠扎布，段敏杰，郭亚奇，等．2015.喷灌对藏北高寒草地生产力和物种多样性的影响 [J]. 生态学报，35（22）：7 485-7 493.

干珠扎布，郭亚奇，高清竹，等．2013.藏北紫花针茅高寒草原适宜放牧率研究 [J]. 草业学报，22（1）：130-137.

高清竹，江村旺扎，李玉娥，等．2006.藏北地区草地退化遥感监测与生态功能区划 [M]. 北京：气象出版社．

高清竹，李玉娥，林而达，等．2005.藏北地区草地退化的时空分布特征 [J]. 地理学报，60（6）：965-973.

高清竹，张勇，梁艳，等．一种高寒牧区房前屋后人工种草技术：201510156624.7 [P].2017-07-28.

韩发，岳向国，师生波，等．2005.青藏高原几种高寒植物的抗寒生理特性 [J]. 西北植物学报，25（12）：2 502-2 509.

侯扶江，常生华，于应文，等．2004.放牧家畜的践踏作用研究评述 [J]. 生态学报，24（4）：784-789.

季国良，时兴和，高务祥．2001.藏北高原地面加热场的变化及其对气候的影响 [J]. 高原气象，20（3）：239-244.

李博．1997.中国北方草地退化及其防治对策 [J]. 中国农业科学，30（6）：1-10.

李希来, 杨力军, 张国胜, 等 . 2001. 不同播种时期对高原家庭牧场"圈窝子"燕麦生产特性的影响 [J]. 草业科学, 18 (2): 14-17.

李亚林, 王成善, 王谋, 等 . 2006. 藏北长江源地区河流地貌特征及其对新构造运动的响应 [J]. 中国地质, 33 (2): 374-382.

梁艳, 高清竹, 干珠扎布, 等 . 一种高寒牧区温室大棚人工种植牧草的方法: 中国, 201510156609.2 [P]. 2017-04-05.

刘杰, 罗亚皇, 李德铢, 等 . 2017. 青藏高原及毗邻区植物多样性演化与维持机制: 进展及展望 [J]. 生物多样性, 25 (2): 163-174.

刘兴元, 王玮 . 2013. 藏北草地生态系统可持续发展能力评价 [J]. 自然资源学报, 28 (7): 1 209-1 220.

马玉寿, 李世雄, 王彦龙, 等 . 2017. 返青期休牧对退化高寒草甸植被的影响 [J]. 草地学报, 25 (2): 290-295.

马玉寿, 张自和, 董全民, 等 . 2007. 恢复生态学在"黑土型"退化草地植被改建中的应用 [J]. 甘肃农业大学学报, 42 (2): 91-97.

毛飞, 侯英雨, 唐世浩, 等 . 2007. 基于近 20 年遥感数据的藏北草地分类及其动态变化 [J]. 应用生态学报, 18 (8): 1 745-1 750.

秦燕, 何峰, 仝宗永, 等 . 2016. 施肥对羊草草原土壤氮素转化的影响 [J]. 草业学报, 25 (10): 48-55.

曲广鹏, 参木友, 秦爱琼, 等 . 2011. 西藏牧区暖棚养畜技术探讨 [J]. 西藏科技, (5): 40-41.

施建军 . 2002. 高寒牧区牧草引种及混播技术的研究 [J]. 青海畜牧兽医杂志, 32 (5): 5-7.

王谋, 李勇, 黄润秋, 等 . 2005. 气候变暖对青藏高原腹地高寒植被的影响 [J]. 生态学报, 25 (6): 1 275-1 281.

魏学红, 杨富裕, 孙磊 . 2010. 补播和施肥对藏北高寒退化草地的改良效果 [J]. 安徽农业科学, 38 (32): 18 155-18 156.

肖金玉, 蒲小鹏, 徐长林 . 2015. 禁牧对退化草地恢复的作用 [J]. 草业科学, 32 (1): 138-145.

徐增让, 郑鑫, 靳茗茗 . 2018. 自然保护区土地利用冲突及协调——以羌塘国家自然保护区为例 [J]. 科技导报, 36 (7): 8-13.

姚檀栋, 刘晓东, 王宁练 . 2000. 青藏高原地区的气候变化幅度问题 [J]. 科学通报, 45 (1): 98-106.

岳东霞, 惠苍 . 2004. 高寒草地生态经济系统价值流、畜群结构、最优控制管理及可持续发展 [J]. 西北植物学报, 24 (3): 437-442.

张伟娜 . 2015. 不同年限禁牧对藏北高寒草甸植被及土壤特征的影响 [D]. 北京: 中国农业科学院 .

张中华, 姚步青, 马真, 等 . 2018. 青藏高原高寒草地生物多样性与生态系统功能的关系 [J]. 生物多样性, 26 (2): 111-129.

周广胜，张新时 . 1996. 中国气候—植被关系初探 [J]. 植物生态学报，20（2）：113-119.

宗宁，石培礼，牛犇，等 . 2014. 氮磷配施对藏北退化高寒草甸群落结构和生产力的影响 [J]. 应用生态学报，25（12）：3 458-3 468.

Bowman W D, Cleveland C C, Ĺuboš Halada, *et al*. 2008. Negative impact of nitrogen deposition on soil buffering capacity[J]. *Nature Geoscience*, 1（11）：767-770.

Chen H, Zhu Q, Peng C, *et al*. 2013. The impacts of climate change and human activities on biogeochemical cycles on the Qinghai-Tibetan Plateau[J]. *Global Change Biology*, 19（10）：2 940-2 955.

Ding J, Chen L, Ji C, *et al*.2017. Decadal soil carbon accumulation across Tibetan permafrost regions[J]. *Nature Geoscience*, 10（6）：420.

Ganjurjav H, Duan M, Wan Y, *et al*. 2015. Effects of grazing by large herbivores on plant diversity and productivity of semi-arid alpine steppe on the Qinghai-Tibetan Plateau[J]. *The Rangeland Journal*, 37（4）：389-397.

Ganjurjav H, Gao Q, Gornish E S, *et al*. 2016. Differential response of alpine steppe and alpine meadow to climate warming in the central Qinghai - Tibetan Plateau[J]. *Agricultural & Forest Meteorology*, 223：233-240.

Gao Q Z, Li Y, Xu H M, *et al*. 2014. Adaptation strategies of climate variability impacts on alpine grassland ecosystems in Tibetan Plateau[J]. *Mitigation & Adaptation Strategies for Global Change*, 19（2）：199-209.

Grime J P. 1973. Competitive exclusion in herbaceous vegetation[J]. *Nature*, 242：344-347.

Klein J A, Harte J, Zhao X Q. 2007. Experimental warming, not grazing, decreases rangeland quality on the Tibetan Plateau[J]. *Ecological Applications*, 17（2）：541-557.

Lehnert L W, Wesche K, Trachte K, *et al*. 2016. Climate variability rather than overstocking causes recent large scale cover changes of Tibetan pastures[J]. *Scientific Reports*, 6：24 367.

Li G, Liu Y, Frelich L E, *et al*. 2011. Experimental warming induces degradation of a Tibetan alpine meadow through trophic interactions[J]. *Journal of Applied Ecology*, 48（3）：659-667.

Miehe G, Miehe S, Bach K, *et al*. 2011. Plant communities of central Tibetan pastures in the Alpine Steppe/Kobresia pygmaea ecotone[J]. *Journal of Arid Environments*, 75（8）：711-723.

Miehe G, Miehe S, Kaiser K, *et al*. 2008. Status and dynamics of the Kobresia pygmaea ecosystem on the Tibetan Plateau[J]. *AMBIO：A Journal of the Human Environment*, 37（4）：272-279.

Wu J, Zhang X, Shen Z, *et al*. 2012. Species Richness and Diversity of Alpine Grasslands on the Northern Tibetan Plateau：Effects of Grazing Exclusion and Growing Season Precipitation[J]. *Journal of Resources and Ecology*, 3（3）：236-242.

Xu Z X, Gong T L, Li J Y. 2008. Decadal trend of climate in the Tibetan Plateau—regional temperature and precipitation[J]. *Hydrological Processes：An International Journal*, 22（16）：3

056-3 065.

Zhang Y，Dong S，Gao Q，*et al*. 2016. Responses of alpine vegetation and soils to the disturbance of plateau pika（Ochotona curzoniae）at burrow level on the Qinghai‐Tibetan Plateau of China[J]. *Ecological Engineering*，88：232-236.